京西古树寻迹

——门头沟古树

北京市门头沟区园林绿化局 编

图书在版编目（CIP）数据

京西古树寻迹：门头沟古树 / 北京市门头沟区园林绿化局编.
-- 北京：中国林业出版社，2024.3（2024.8重印）
ISBN 978-7-5219-2640-8

Ⅰ.①京… Ⅱ.①北… Ⅲ.①树木–介绍–门头沟区 Ⅳ.①S717.213

中国国家版本馆CIP数据核字（2024）第048245号

策划编辑　　吴　卉　张　佳　黄晓飞
责任编辑　　张　佳　黄晓飞
书籍设计　　张志奇工作室

出版发行　　中国林业出版社
　　　　　　（100009，北京市西城区刘海胡同7号，电话83143561）
电子邮箱　　books@theways.cn
网址　　　　www.cfph.net
印刷　　　　北京富诚彩色印刷有限公司
版次　　　　2024年3月第1版
印次　　　　2024年8月第2次印刷
开本　　　　889mm×1194mm 1/16
印张　　　　13
字数　　　　250千字
定价　　　　108.00元

编委会

主任	马　强　周玉勤
副主任	孙　龙　苏海联
编委	（按姓名笔画排序）
	丛日晨　闫新跃　张新宇　郑　波
主编	孙　龙　苏海联
副主编	闫新跃　李　莹
编写人员	（按姓名笔画排序）
	马嫒馨　王广晋　王知非　毛麒超
	田艳春　丛日晨　刘　彪　闫新跃
	许鹏飞　孙　龙　苏海联　李　莹
	李凌云　宋志超　张钧瑜　张慧颖
	周　麒　孟维康　赵　静　段文军
	姜骄桐　姚雨薇　郭天忻　盖艺方
	蔚俊杰　翟　琪　穆子慧
科学审读专家	郑　波
绘图	（按姓名笔画排序）
	郭天忻　黄晓飞　梁徽茵　穆子慧
摄影	（按姓名笔画排序）
	万福清　王　飞　王秀丽　王秀敏
	王希文　王静亚　牛小华　牛巍巍
	田　宇　田　军　史　薇　史世超
	吕京民　任兴立　任秋霞　闫立军
	闫淑信　孙桂林　杜　亭　李明选
	李金涛　李玲玲　杨建国　汪文南

　　　　　　张　斌　张全跃　张连臣　陈　冲
　　　　　　陈风檩　武　辉　周明亮　孟繁博
　　　　　　赵承顺　胡利明　胡春艳　柏皓严
　　　　　　俞厚诚　姚树军　袁学进　徐　澎
　　　　　　高万富　高爱艳　龚跃贤　常柏森
　　　　　　崔建兵　覃世明　智肃民　谭克明

主编单位　北京市门头沟区园林绿化局
参编单位　北京市园林古建设计研究院有限公司
支持单位　北京市门头沟区各镇、街道主管部门
　　　　　　北京京西山水文化旅游投资控股有限公司
　　　　　　　　潭柘寺景区分公司
　　　　　　北京京西山水文化旅游投资控股有限公司
　　　　　　　　戒台寺景区分公司
　　　　　　北京市摄影爱好者协会
　　　　　　北京开未文化有限公司

序

　　门头沟区位于北京城区正西偏南，东部与海淀区、石景山区为邻，南部与房山区、丰台区相连，西部与河北省涿鹿县、涞水县交界，北部与昌平区、怀来县接壤，总面积1447.85平方公里，是北京西部重要的生态涵养区。

　　门头沟古树众多，现存古树1720株，其中树龄超过300年的一级保护古树有312株，树龄在100～299年的二级保护古树有1405株，名木有3株。这些古树多分布在古寺名刹、古院落、古道等历史遗存中，如在"先有潭柘寺，后有北京城"之称的潭柘寺以及被誉为"天下第一戒坛"的戒台寺中，留存了大量的古树，总数达286株，其中包括被全国绿化委员会办公室评出的中国最美古树——潭柘寺的"帝王树"，北京市最美十大树王白皮松王——戒台寺的"九龙松"，以及"卧龙松""活动松""自在松""抱塔松""盘龙松""凤凰松"等一大批蜚声华夏的著名古树。清朝乾隆皇帝在戒台寺游玩时，被"活动松"的神奇吸引，为其题诗"摇动旁枝老干随，山僧持以示人奇"；清末两广总督张之洞曾到戒台寺游玩，也被寺内的古松深深吸引，也为其写了一首著名的《戒台松歌》，诗中写道"十松庄严皆异态，各个凌霄斗苍黛"。

　　在门头沟区的山区地带，有很多历史村落，在这些村落中也留存了很多古树，如斋堂镇灵水村的"灵芝古柏"、古银杏"帝王锥"均为北京著名古树。值得一提的是，大台街道板桥过街楼旁的古槐树，体量巨大，形态优美，树龄有400年以上，如今仍立于残存的古驿道的残垣上，当夕阳西下时，别有一番景致，被人推崇为怀旧的绝佳去处。另外，在清水镇百花山区域，还留存了北京唯一的古落叶松群落，数量达89株，是北京最具特色的古树资源。

　　近年来，门头沟区委、区政府高度重视古树名木保护工作，认真贯彻中央和北京市领导对保护古树的指示精神，把古树名木保护作为践行习近平生态文明思想的重要举措，不断创新保护理念，积极拓展古树名木保护的内涵和外延。自2019年以来，在首都绿化委员会办公室的指导下，组织开展了全区古树体检工作，编制了《门头沟区古树名木保护与发展规划（2021—2035）》，共建设了1个古树保护小区、1个古树校园、1个古树公园、1个古树村庄，开启了古树名木保护管理重点不再仅仅局限于树体本身保护，而是逐步向古树名木及其生境整体、系统、科学保护的转变。

本书的出版旨在让更多的人了解门头沟的古树，了解门头沟古树之美，了解门头沟古树文化，更是推动门头沟区古树保护管理工作向更高水平发展的重要举措。本书编排颇为新颖，一改传统古树书籍罗列图片的形式，而是在浩瀚的历史烟云中，去芜存菁，理出庙会香道、商旅大道、古代军用大路及支路三条脉络，以城市为起点，逐渐向区域全境延伸。读本书时，读者就像在一老者带领下开展了一次神奇之旅、怀旧之旅，在感受古树美的同时，还有一种穿越时空的感受。

由于编者水平有限，加之时间紧张且关于古树的资料和民间传说众多，若有错漏不足之处，欢迎读者批评指正。

前言

京西大地，山川锦绣，林海茫茫，古柯苍苍。在这片生机勃勃的土地上，生长着千余株古树名木，或葱郁繁盛静立于山林，或亭亭如盖守护着古村、古寺、古道。春去秋来，古老的树木宁静而又沉默地凝视着京西大地，见证着门头沟的历史变迁。

古树不言，静默矗立，静止姿态的内里是汹涌澎湃的生命力，时光赋予了它们尊严，走近它们，让人由衷地感到震撼和折服。为更好地保护这些珍稀的"活文物"，记录传承好古树名木承载的历史文化，北京市门头沟区绿化委员会办公室组织编撰了本书。本书以门头沟京西古道为地理线索，选取沿途具有代表性的古树，搜集整理相关文化信息，拍摄记录古树照片，旨在编辑一本图文精美、可读可传、面向大众的古树文化书籍。

京西古道分布地区多、范围广，涉及门头沟区、昌平区、丰台区、石景山区、海淀区、房山区等地，其中分布最密集、数量最多、种类最丰富的便是门头沟区。在这里，京西古道几乎遍布全境，无论是高山密林，还是平原河谷，均有京西古道的痕迹，它们不仅有通往皇家寺庙、香火鼎盛之地朝拜的庙会香道，也有连通京西以西地区与京城的商旅大道，更有为了抵御外敌、屯兵驻军所形成的军用大路及支路。一条条古道带动了一座座村落的形成与发展。但时移世易，有些村落已经迁徙，有些庙宇已然衰败，唯有生长在这片土地上的古树名木，静静地陪伴着古道，记录着京西地区历经的风雨沧桑。

通过对古道沿线村庄及门头沟古树名木分布的位置进行叠加分析，本书共筛选出1365株位于古道沿线，历史悠久、形态奇特、知名度高、文化信息丰富的古树，占门头沟区古树总量的79%。它们广泛分布在庙会香道、商旅大道、古代军用大路及支路等三大类古道共计15条分支路线两侧，其中庙会香道分布古树最多，共计883株，包含区内四大古树群——戒台寺古树群、潭柘寺古树群、妙峰山古树群以及百花山古树群。此外，在书中，读者还能看到区内19株千年古树的英姿，欣赏落叶松、七叶树、紫丁香、柘树等门头沟特色古树，感受四季时节古树虬劲庄严、长盛不衰的风采。

捧一杯香茗，沉浸式体验门头沟古树名木的历史与风采；收拾起行囊，与书籍一起，寻迹京西古树。

北京市门头沟区园林绿化局
2023 年 12 月

目录

序

前言

庙会香道篇

卢潭古道古树 020

庞潭古道古树 042

妙峰山香道古树 064

麻潭古道古树 086

百花山古道古树 094

商旅大道篇

西山大道古树 104

玉河古道古树 116

十里八桥古道古树 126

军沿古道古树 132

永定河河谷廊道古树 142

古代军用大路及支路篇

西奚古道古树 154

斋堂川清水河畔古道古树 162

天津关古道古树 182

小龙门古道古树 186

芹淤古道古树 192

参考文献 199

村庄索引 203

15	条	古道线路
84	处	文化资源点
1365	株	古树
1800	余年	时间跨度

京西古道（门头沟区）沿线古树分布示意图

- 古树
- 庙会香道
- 商旅大道
- 古代军用大路及支路

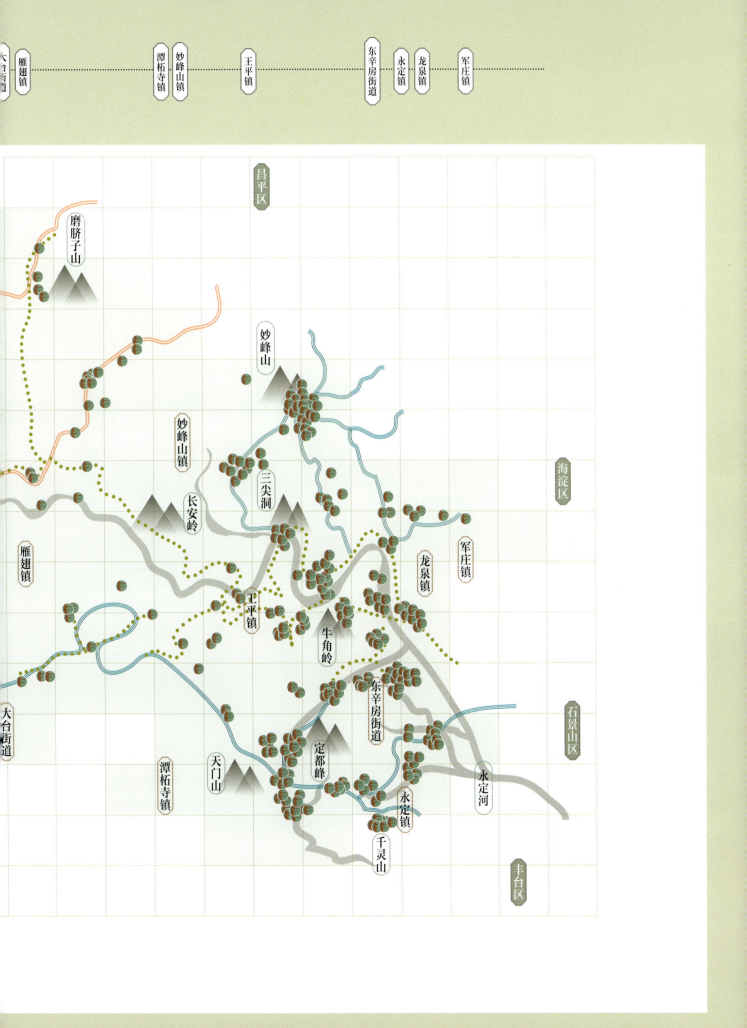

庙会香道篇

5 条 古道线路

30 处 文化资源点

卢潭古道古树
庞潭古道古树
妙峰山香道古树
麻潭古道古树
百花山古道古树

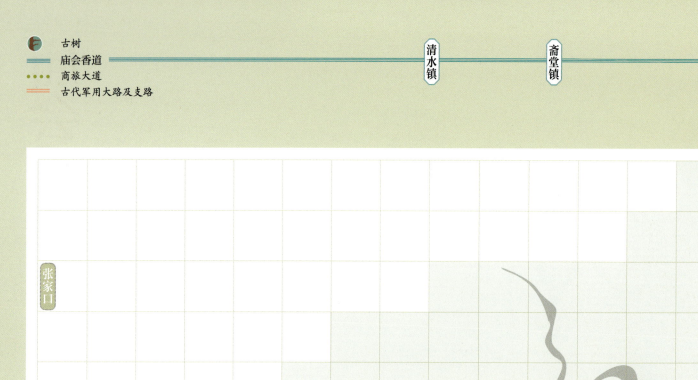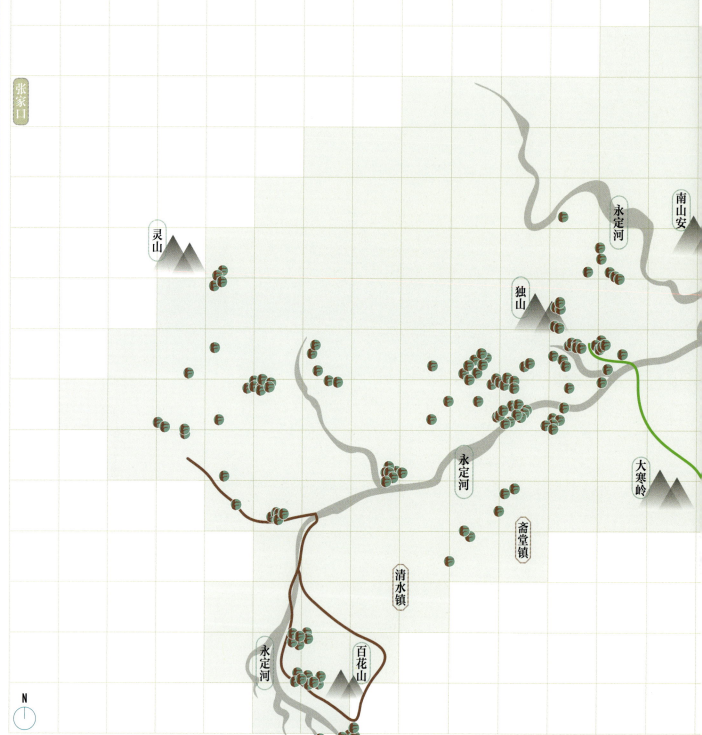

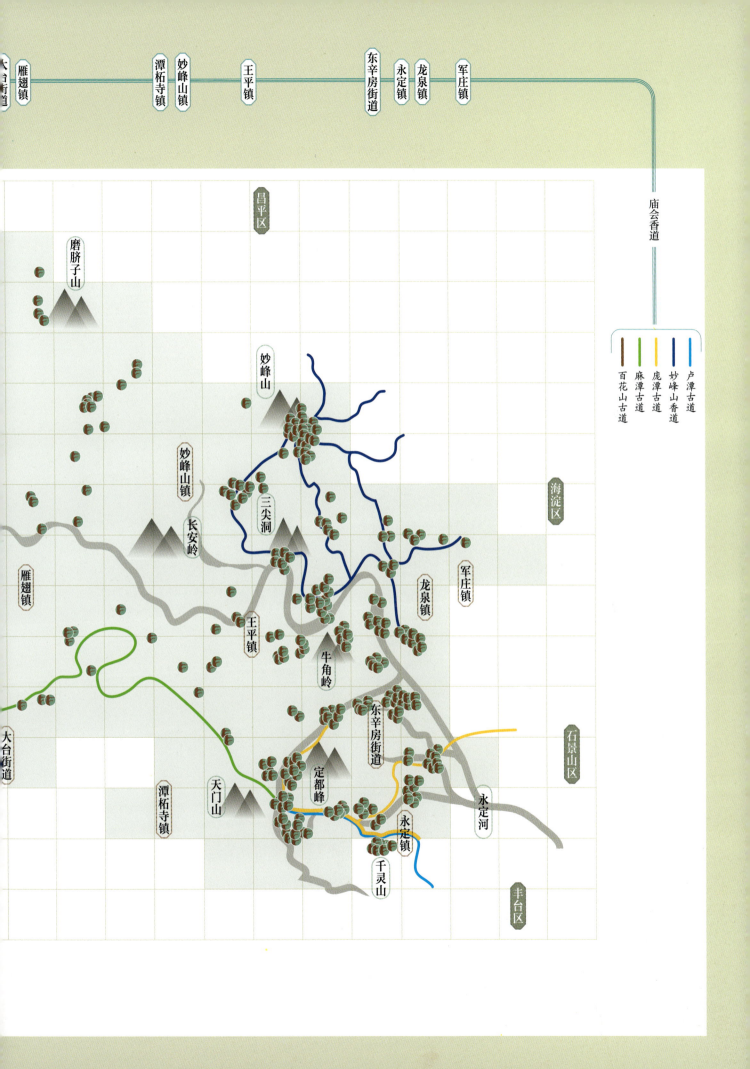

卢潭古道古树

▶ 戒台寺古树分布示意图

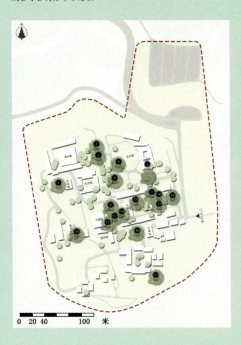

① 元宝枫 110109B00817
② 抱塔松 110109A00785
③ 九龙松 110109A01589
④ 雌雄同株银杏树 110109A00798
⑤ 莲花松 110109A00786
⑥ 菊花松 110109A00788
⑦ 紫丁香 110109B00838
⑧ 卧龙松 110109A01588
⑨ 凤尾松 110109A00787
⑩ 龙松 110109A00789
⑪ 凤松 110109A00790
⑫ 活动松 110109A01586
⑬ 自在松 110109A01587
⑭ 紫丁香 110109B00826
⑮ 紫丁香 110109B00830
⑯ 大斋堂古槐 110109B00819
⑰ 方丈院古槐 110109A00802
⑱ 辽槐 110109A00800
　其他古树

戒台寺古树

戒台古寺，馨音长存
——戒台寺

戒台寺，位于北京西山马鞍山麓，建于唐武德五年（公元622年），至今已有1400余年的历史。

辽代高僧法均在此建戒坛，四方僧众多来受戒，故民间称其为戒坛寺。又因清乾隆皇帝写有《初至戒台六韵》，后世也称其为戒台寺。

戒台寺是中国北方保存辽代文物最多、最完整的寺院，其中最能体现这里悠久历史的则是1株粗壮有力的槐树。这株槐树已有1100年以上的树龄，辽代种下，如今依然矗立于此。

除了槐树之外，这里的松树也非常有名。清代洋务运动代表人物张之洞到戒台寺游玩时，被寺内的古松深深吸引，并且为其写了一首著名的《戒台松歌》。诗中写道："十松庄严皆异态，各个凌霄斗苍黛。"松树，常给人以威严及肃穆的感受，同样也是中华优秀传统文化与品质的象征。

戒台寺院内共有古树108株，一级古树44株，其中千年古树有4株。历朝历代的古人在这里种下树木，在几百年甚至上千年后，这里的古树与建筑便成了文化的承载。

因此，古代的文人墨客从不吝惜为这里留下墨宝。清代的江宁织造曹寅，即《红楼梦》作者曹雪芹的祖父，曾写下一首很有名的诗《马上望戒坛》："白云满山谁打钟？马首西来路不逢。据此相看如一梦，因缘还欠戒台松。"

此情此景，便是戒台寺上，一片清静，只与松林为伴。

戒台寺，作为唐代建立的古寺，千年以来，风景宜人，香火不断，只有流变的历史在这里留下了深深的痕迹。古树矗立时，历史还复来。

山门古槐，千年兴衰
——山门区

戒台寺位于北京西山马鞍山麓，是全国重点文物保护单位。

中轴线上的第一座殿堂即山门殿。立有清康熙皇帝撰文的"万寿寺戒坛碑"。山门殿东侧矗立着的高大槐树，树龄已超千年。树干粗壮，树冠茂密，树枝伸展，树叶繁茂。这株树在这里镇守山门千年，见证了戒台寺的千年兴衰，也更加生动形象地展现了戒台寺悠久的历史。

山门殿北侧是大钟亭游览区，在这里可以远望北京城，俯瞰永定河。大钟亭内有 5 株古树，春季来临时，周边古丁香的枝杈伸出院墙，垂在寺院外高高的红墙上，散发出沁人心脾的淡淡香气。

1 辽槐

莲界香林，松韵绵长
——莲界香林区

经过山门殿，天王殿便映入眼帘。天王殿门前南侧，敕赐万寿禅寺碑（明）坐落在此处。石碑两侧分立着龙、凤二松。龙松敦实雄壮，遍布虬结，皮似龙鳞，宛若苍龙翘首，具有一种阳刚之气。凤松线条顺畅，挺拔俏丽，具有一种阴柔之美。其西南侧枝条下垂，宛若凤尾，树顶似凤头。龙凤二松共同构成了"龙凤交颈"的美丽造型。

莲花世界千峰安宁，雨季时节，雨水洗清了霉气。天王殿后侧，大雄宝殿建于月台之上。清乾隆帝手书"莲界香林"，雕龙横匾高悬于门额上。这里原来还挂有清康熙帝所题"般若无照"匾额和"禅心似镜留明月，松韵如篁振舞风"的楹联，今已不存。

2 凤尾松
3 龙松和凤松
4 古丁香

殿外满目青绿，松树群形态各异。凤尾松西侧枝条下垂，几近拖地，线条流畅，舒展自然，如瀑布倾斜而下，枝条层叠有序，长短有致，好似凤凰的长尾。

清末重臣，洋务派首领张之洞当年来到戒台寺游玩时，被寺内古柏苍松深深吸引，并写有一首著名的诗《戒台松歌》，诗中写道："十松庄严皆异态，各个凌霄斗苍黛。"给予十大名松很高的赞誉。

古丁香是戒台寺园内最珍贵的花木之一。据记载，弘历皇帝初来戒台寺游玩时，见寺院内外苍松翠柏，满目青绿，美虽美也，但色彩上略显单调，为给古刹增辉特御赐丁香，从圆明园的畅春园移植到戒台寺内。

5 活动松

明月松间，千佛阁前
——千佛阁及台下区

戒台寺的中心建筑——千佛阁位于大雄宝殿后的高台上，是戒台寺的藏经楼。在千佛阁至南宫院台下的10余株古树中，最著名的当数"活动松"和"自在松"。

"活动松"距今有500余年历史，整株树冠呈伞形，树冠全靠主干支撑，数不清的枝杈相互牵连，横生的细枝相互缠绕，上下交错。倘若牵动一杈树枝，全树便随之摇动。实为"牵一发而动全身"，故称为"活动松"。

乾隆皇帝多次来戒台寺看此树并于乾隆二十九年题字留诗："老干棱棱挺百尺，缘何枝摇本身随？咄哉谁为挈其领，牵动万丝因一丝。"

"自在松"植根于大雄宝殿后石阶南侧，也于此见证了五六百年的雪雨风霜。一片片松枝如巨大的羽扇，为攀登石阶的游人遮阴。

老干舒缓，枝叶婆娑，一年四季虽然饮露餐霞，啸风映月，欺霜傲雪，但依然舒缓有致，逍遥安然，平淡之中更显得雅韵出姿，故名"自在松"。

庙会香道篇

6 自在松

牡丹丛中，卧龙倚石
——牡丹院及院外区

牡丹院位于千佛阁北侧。晚清时期，道光皇帝的第六子——恭亲王奕䜣，到戒台寺"养疾避难"，留住长达十年。此间，奕䜣出资改建了自己在寺内所住的北宫院，因院内广种牡丹花，故称"牡丹院"。

奕䜣留住戒台寺期间，最喜欢那株形态奇特的"卧龙松"。此松倒也不俗，颇有卧龙的气魄，那鳞片斑驳、硕大粗壮的"龙躯"仿佛正懒洋洋地爬过雕石栏杆，舒适地枕卧在一块刻有"卧龙松"三字的石碑上，犹如一条垂垂老矣的神龙在倚石歇息。

奕䜣觉得自己此时是"潜水龙被困沙滩"，就像这株卧龙松一样，静卧古寺，等待腾飞，因而他常以卧龙松自比，并亲笔题写了"卧龙松"三个大字，镌刻成碑，立在了卧龙松的下面。戒台寺老方丈见到奕䜣所立石碑后，悄悄对自己的徒弟们说："六王爷把石碑立在了卧龙松的下面，就好像是一把利剑，正对着卧龙的肚子，这样的石碑叫作斩龙剑。六王爷经常用卧龙松自比，盼望着有朝一日能够腾飞云天，可现在龙肚子上插了这把斩龙剑，这条龙还怎么飞得起来呀。"果然，奕䜣于光绪二十年奉召回朝，四年后的春天就病逝了。

如今，奕䜣虽早已逝去，但卧龙松依旧常青。而石碑也与卧龙松于此同心共济，旷日长久。

清风徐徐，戒台松涛
——戒台殿及院外区

戒坛殿位于戒坛院内。辽代高僧法均大师遗行碑坐落在戒坛殿后花园内。康熙帝及乾隆帝多次来到此地，留下多处墨宝真迹并为寺内题匾撰联。

宝殿"禅心似镜留明月，松韵如篁振舞风"的楹联以及戒台殿内横枋内侧所挂"清戒"匾额均出自康熙帝之手。戒台殿内横枋上所挂的"树精进幢"匾额出自乾隆帝之手。

戒台寺外院南门口，北京白皮松之王——"九龙松"挺立于此。其胸围约683.6厘米，树高约18.3米，冠幅约21.8米，树龄1000余年，于2017年被评为"中国最美白皮松"。

"九龙松"气势磅礴，体型高大。游人伫立树下，移目上观，见古松主干的分枝处，九条硕大的枝干如九条银龙腾空而起，向苍穹扑展而去，隐身在密如浓云的松叶里。

此松虽已有千年之龄，但仍生机勃勃，枝繁叶茂，是北京地区同树种中最古老的1株。

戒台殿院外门口有1株奇特的油松，横卧生长，枝干曲折，名为"抱塔松"。古松5米多长的粗大躯干仿佛巨龙一样扭转着"爬过"山门的矮墙，直向石阶下的辽代僧人法均和尚的墓塔扑抱过去，两条枝杈架在僧塔的两侧，好像一条巨龙伸出前爪"护卫"着古塔。

一树具一态，巧与造物争。每当微风徐来，松涛阵阵，形成了戒台寺特有的"戒台松涛"景观。

7 卧龙松

8 九龙松

莲花青松，银杏奇观
——地藏殿及牡丹园区

9 抱塔松

10 莲花松

地藏菩萨，因其"安忍不动，犹如大地，静虑深密，犹如秘藏"，所以得名。

在戒台寺的地藏院内，树龄已超 500 年的莲花松傲然于此。树干粗壮笔直，壮观挺拔，直指苍穹，树冠浑圆完整，枝条匀称，层次分明，宛如一朵盛开的莲花，是历代文人雅士赞咏之物。

地藏殿北侧的牡丹园内，西北角的菊花松树枝繁茂。一根根修长的侧枝全部下垂，但下垂树枝尖部又微微翘起，就像龙爪菊的花瓣，整株树看起来就像一朵硕大的秋菊，故而得名。

牡丹园内不仅古松葳蕤，在通往戒台殿台阶前，2 株古银杏也苍健挺拔不输古松。

银杏树一般都是雌雄异株，戒台寺也有南雄、北雌的传统，但仔细观察，便能发现南侧这株为罕见的"雌雄同株"，即 1 株树上分生出两部分枝杈，枝相交，根连理。东南北三面枝为"雄枝"，只开花不结果；西侧的"雌枝"却每年白果挂满树枝。秋意

11 菊花松

12 雌雄同株古银杏

渐浓,"雌枝"叶片会先黄先落,在一个时间段会欣赏到一树两景的奇观。在雌雄同株银杏的北侧,还有 1 株古银杏,这株银杏同样枝繁叶茂,树龄同为 900 余年,为一级古树。南北 2 株古银杏在佛门净地,和古建的殿脊、红色的院墙浑然一体,仿佛透过叶脉枝干,便能触摸扎根地下千年的历史积淀。

银杏树姿挺拔雄伟,叶片洁净素雅,有不受世俗干扰的意境,最能衬托出寺院的庄重和威严。

层林尽染，四时皆美
——后山区

位于高台之上的观音殿，春、秋两景皆可观赏。整座寺院掩映在苍松翠柏和银杏、白蜡、黄栌、五角枫、古丁香等彩色树种之中，如诗如画、美不胜收。

每逢赏花的季节，观音殿前古丁香枝头上的花儿相互簇拥着在微风中摇曳，在绿叶的簇拥下更显俏丽淡雅。

步入深秋，真武殿后北侧山坡上，元宝枫的树叶由绿转黄，最终变得火红。晚清时，载滢有诗赞曰："云境时梁悬，花淑竹篱短。秋雨一夜寒，山间红叶满。"

13 古丁香

14 元宝枫

扶危济困，风雨同舟
——方丈院及其他区域

戒台寺方丈院与大斋堂均坐落于戒台寺大雄宝殿南侧，在历史上也随戒台寺几经兴衰。

大斋堂在抗日战争时期是许多逃难百姓的避难之地，这里是百家厨房，为许多人提供斋宿，大家在这里互帮互助，度过了艰难的岁月。新中国成立后，大斋堂通过修缮，成为了为游客提供餐食休憩的地方。

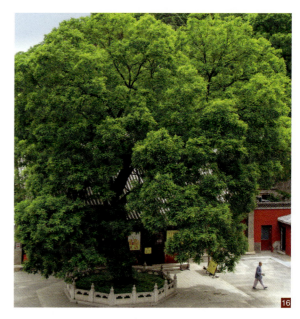

15 方丈院古槐

16 大斋堂古槐

方丈院与大斋堂周边有7株静穆的古树，它们同样在风雨飘摇中陪伴着艰难生存的中国人民。方丈院南侧山坡的古槐，虽生于贫瘠的山坡顽石中，但依旧顽强生长。

大斋堂门口的古槐高大粗壮，威风凛凛。每逢夏季，古槐的花开时节，树上便挂满了一串串形似蝴蝶、白中透黄的花朵。散发着阵阵幽香，古槐的叶片在阳光的照耀下格外明亮。

不知道在战乱的年代，这一缕缕从树叶缝隙中洒下来的光，照亮了多少人黯淡的心。

石佛村（西峰寺林场）古树分布示意图

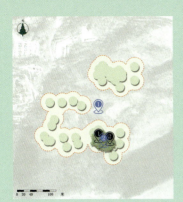

① 塔林内一级古油松 110109A00883
② 塔林内一级古油松 110109A00884
　其他古树
❶ 西峰寺林场
❷ 塔林

戒台遗珠，松塔相伴
——石佛村（西峰寺林场）古树

石佛村位于永定镇西南端的山坡地带，是通往京西古道中卢潭古道的必经之地。在石佛村至戒台寺路段，有近2公里的古道较为完整且依旧保留原有风格，堪称卢潭古道亮点。

村子周边遗迹众多，如戒台寺寺外南塔院的喇嘛塔林、戒台寺内法均衣钵塔、马鞍山护国宝塔、石牌坊等。从石牌坊顺着通往戒台寺的御道——卢潭古道往前走，即可到达戒台寺的南塔院。院中共有12座喇嘛式塔，仅1座保存较为完好，其覆钵式塔身、十字形塔脖、十三天相轮上托莲瓣式圆盘承托宝珠塔刹清晰可见。

塔院内有55株古树，包括一级古树12株，二级古树43株。古树景致最好的当数石塔周边的2株一级古树，树种均为油松，树龄均为300余年。石塔掩于油松之间，油松衬在石塔周围，向林内投射出一大片凉爽浓荫，越发苍翠遒劲、黛色欲滴。

"遥看积翠影，已觉闻涛声"。如今，村子已迁往别处，政府在古树周围建立了古树保护小区，将周边环境一同列入保护范围内。虽少了些烟火气，但这些古迹也在成片的绿茵之中多了几分神秘。

1-2 古树

北村古树分布示意图

❶ 古银杏 110109B00465
❷ 古银杏 110109A00466
● 其他古树
✬ 北村村委会
✦ 小学旧址

浮光掠影，北山银杏
——北村古树

沿 108 国道一路向西，在慢闪公园东侧 400 余米便是北村。村庄三面群山环抱，十几户人家散落在峡谷之中，一条蜿蜒曲折的柏油山路连接着外面的世界。这里天高地远，山清水秀，空旷悠远，远离外界的喧嚣，坚守着苍劲雄浑的大北山，安然独居一隅。这里天然淳朴，宁静祥和，安逸清幽，与世无争。

北村有 5 株古树，包括一级古树 3 株、二级古树 2 株。其中有 2 株古银杏位于北村小学旧址内，其中 1 株有 400 余年的树龄，树高约 23 米，胸围约 495 厘米，冠幅约 24 米。另 1 株古银杏也有 200 余年的树龄，其树高约 16 米，胸围约 330 厘米，冠幅约 14.8 米。每逢秋季，古银杏更引人注目，纵横交错的树枝上硕果累累，叶子密密麻麻地重叠在一起，像一把把金黄的扇子。叶子随风飘出校园，飘向村庄各处，被吹得漫天飞舞，落在地上，给北村撒上星星点点的金黄。古银杏枝繁叶茂，树干笔直，远远望去，像北村的卫兵，守候着北村和村民们。

1 银杏树

▶ 鲁家滩村古树分布示意图

- ❶ 马台古树 110109A00510
- ❷ 关帝庙古树 110109B00500
- ● 其他古树
- ✦ 鲁家滩村村委会

根深叶茂，松柏相望
——鲁家滩村古树

1 马台古树

　　鲁家滩村在明朝初期被称为黄家台，万历年间改称为鲁家滩。因村内无井，村民需要到村南的大潭取水，因此人们又将它命名为捋潭。捋为鲁字的谐音字，久而久之捋潭就成了鲁家滩。

　　鲁家滩村古树共14株：一级古树2株，二级古树12株。树种包括油松、槐树、侧柏3种，其中油松7株，槐树6株，侧柏1株。众多古树中有1株树龄400余年的油松格外引人注目，位于村北的马台上。这株古油松虽然没有华丽的外表，却被大自然赋予了顽强的生命，面对年复一年的风霜雨雪仍屹立不倒。它粗糙的树干，仿佛老人的手掌，尽显生命的轨迹。

　　站在马台向村中遥望，隐约可见1株高耸挺拔的古柏。其生长于关帝庙中，树龄虽不及古油松，但枝干直挺，势冲苍天，像是顶天立地的青铜巨柱，给人以庄严肃穆之感。

庙会香道篇

庞潭古道古树

▶ 潭柘寺古树分布示意图

❶ 流杯亭古七叶树 110109B00655
❷ 事事如意柏 110109B00745
❸ 双凤舞塔松 110109B00703
❹ 双凤舞塔松 110109A00704
❺ 二乔玉兰 110109A00680
❻ 二乔玉兰 110109A00681
❼ 配王树 110109A00676
❽ 帝王树 110109A00677
❾ 登天柏 110109A00679
❿ 登天柏 110109A00678
⓫ 卧龙松 110109A00675
⓬ 盘龙松 110109A00674
⓭ 安乐堂白皮松 110109A00719
⓮ 镇山柘树 110109B01657
⓯ 迎客松 110109B00683
⓰ 指路松 110109B00682
⓱ 老道旁古油松 110109A00688
⓲ 通里塔娑罗树 110109A00686
⓳ 通里塔娑罗树 110109A00687
　 其他古树

潭柘寺古树

昔往来香客，见如今潭柘
——潭柘寺

潭柘寺，西晋永嘉元年建寺，初名嘉福寺，是佛教进入北京地区后所修建的最早的一座寺院。先后在唐、金、明三代发展兴盛，最终在清代达到顶峰。潭柘寺的发展历史不仅是佛教在中国演变的缩影，更是京西壮阔山景的展示窗口。这里不仅有庄严的古寺，还有成群的古树，经年不衰，闪耀在京西大地上。

潭柘寺共有古树178株，一级古树32株，其中千年古树有7株，最老的古树树龄在1300年以上。寺内古树种类众多，包括侧柏、油松、七叶树、银杏、桧柏、白皮松、二乔玉兰、槐树与柘树。

每到秋高气爽的十月，进香人群络绎不绝，山上层林尽染，潭柘寺里，银杏橙黄，正是郁达夫《故都的秋》所描述的。

当然，潭柘寺在其他季节也独具魅力。每年五月中下旬，七叶树花盛开，洁白绚丽。除了七叶树这种佛教特色鲜明的树种之外，银杏也因被视为菩提树的替代品被广泛种植于寺庙之中。因此，潭柘寺的古树不仅历史悠久，而且有着深厚的文化底蕴。

古迹不可追，松柏尤葳蕤
——停车场及古道区

潭柘寺自明太祖朱元璋起，或由朝廷拨款，或由太监捐资，得到了多次整修和扩建，形成了今天的布局；也是从明代开始，潭柘寺成了百姓、游僧春游的固定场所，但因地处深山，行路不便，便又有信徒出资修建了数条进香古道。

新中国成立后，北京市园林局对寺庙稍加修整后作为名胜古迹景区向游客开放，成为北京市首批开放的7个公园景区之一。但是那时基础设施并不健全。1956年，朱德委员长到潭柘寺视察，指示有关部门，要修建一条从门头沟城区通往潭柘寺的公路，为前来游览的人们提供交通上的方便。

历经时代的洗涤与变化，潭柘寺旧时的容颜已不在。千年古刹在古树的陪伴下迎来了一代又一代的人。

潭柘寺停车场、古道、派出所区域内古树共10株。老道中部东侧的古油松树皮粗糙，布满裂纹，见证了历史的沧桑变迁。走近这株古油松，可以感受到它那古老而庄重的气息，让人不由自主地心生敬意。

潭柘寺中的古油松不仅是1株树，更是一个历史的见证者和文化的象征。闲暇时刻，不妨与伫立在此300多年的松柏"交谈"一番，或许能感受不一样的潭柘寺。

千年婆娑树，佛门净且空
——塔林区

塔林中最高大的墓塔正是塔院中心的金代广慧通理禅师塔，塔前左右两侧各有1株千年七叶树。

潭柘寺寺外历代高僧们长眠的塔林丛中矗立着的巨大的古树种植于唐代。树干鳞片斑斑，叶子分七瓣，呈掌状，叶片鲜绿，这就是七叶树（古时误称娑罗树）。在寺内种植2株娑罗树，有纪念佛祖圆寂在"娑罗双树"之意。

这2株千年古树，树干苍老遒劲，枝杈众多且富有生机，盘根错节，虬曲多姿，以墓塔为轴心呈对称分布。七叶树的叶子

1 老道旁古油松

2 通里塔娑罗树

在春夏季节呈嫩绿色,映照在蓝天下苍翠欲滴。每年的五月中下旬,娑罗花盛开之时,一片片小宝塔似的雪白花絮矗立在树冠外围,满树洁白,分外绚丽。

七叶树的圣洁守护着潭柘寺这片净土,佛门清净之意体现在了树木的庄重和静穆之中。

山有迎客松，皆为喜相逢
——嘉福饭店区

嘉福饭店坐落在门头沟潭柘寺景区元宝山西侧。饭店及周边停车场古树共15株。

饭店前东北方向，1株姿态独特、引人注目的油松树身向前倾斜，与地面形成了一个优雅的弧线，仿佛在向前来参观的游人躬身施礼，表示欢迎，因而得名"迎客松"。

在迎客松对面，老道口北段东侧的1株古松树身向后倾斜，约有45度，树顶直指寺院的方向。假若人们走在甬道上见不到寺院，只要按照此树所指的方向前行不远，再上一个台阶，宏伟壮丽的潭柘古刹就出现在眼前了。因此此树被称为"指路松"。

岁月的痕迹在古松身上留下了深刻的印记。它枝叶繁茂，苍翠欲滴，给这片土地带来了勃勃生机。当阳光照在它身上时，树影婆娑，更显得它风度翩翩。

嘉福饭店作为一家以佛教文化为主的素食餐厅，在2株古树的美好寓意之下，迎接了许多带着虔诚的信念来礼佛的香客。

3 迎客松与指路松

如今，古松已成为了这片土地的象征，吸引着越来越多的人前来欣赏。它不仅仅是一株树，更是一种精神，一种永恒的守护。在古松的见证下，这片土地的故事还将继续演绎，流传千古。

祈平安喜乐，愿福寿绵长
——安乐堂区

潭柘寺山门前牌楼东侧有一个古朴幽雅的长方形院落，名叫安乐堂。此处是过去僧人养老憩息之处所，也曾是普济众生、接收无家可归之人的地方。

安乐堂、花房及周边区域古树共19株。安乐堂前院内生长着的高大白皮松，号称中国最白的白皮松，树龄已逾千年。茂密的树冠，粗壮的树干彰显着其历经的沧桑岁月。松树多表长寿健康之意，为祈求老者平安喜乐、福寿绵长，此树故名"安乐松"。

白日里，树冠蔽日遮天，犹如巨伞般为佛堂僧室遮阴，庇佑着这里的人们，并承载着他们美好的愿望。

夜晚，当月光洒在白皮松上，树影婆娑，别有一番韵味。僧人们在树下敲响暮鼓，悠扬的钟声回荡在夜空，抚慰着人们的心灵。这株千年白皮松就这样默默地守护着安乐堂，成为了这片土地上最耀眼的存在。

4 安乐堂古白皮松

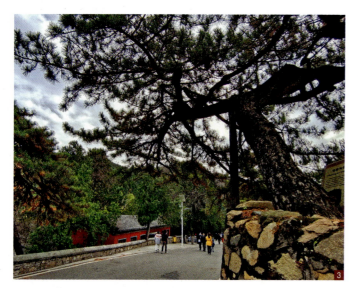

5 卧龙松
6 帝王树

明月松间照，清泉石上流
——山门区

去潭柘寺游玩的人们，都会被山门前的风景所吸引。山门前的石栏小桥叫作"怀远桥"，流淌着环绕寺庙西山墙而来的一股清冽的泉水。康熙帝写道："爱此户外泉，俯视涓涓清。"

除此之外，山门外桥西侧有三块石碑，东侧有二块，上面的碑文记录着潭柘寺的发展、修缮历程，还有对潭柘寺做出贡献的人名姓氏以及大事记。

潭柘寺山门西侧，1株树龄600余年的油松枝干盘曲横生，主干由南向北倾斜纵达数丈，是中国北方地区枝展最长的古油松。此松造型奇特，枝杈像伸展的巨龙，横卧在牌楼前，故名"卧龙松"。

潭柘寺山门前东侧生长的古松，树干长满虬结，敦实横发，犹如盘龙腾空，故称"盘龙松"。

潭柘寺牌坊前一对石狮雄壮威武，一左一右2株古松的绿冠与精美的彩绘牌楼相映相辉，把潭柘寺的山门点缀得格外雄伟壮丽。

庙宇重重座，古树绿荫浓
——主建筑群区

毗卢阁在三圣殿的后面，是寺内最高大的一座建筑。毗卢阁台下东侧的帝王树是潭柘寺古树中最著名的1株，植于唐代，至今已有1300余年高龄。民间传说，清代每有一位皇帝继位，此树即自根部生长出一新干，新干与老干渐合，直至清末宣统时尚生出一个小干。此树被乾隆帝封为"帝王树"，是

7 配王树

封号最高的古树。至今帝王树仍高大挺拔，郁郁葱葱，先后被评为"全国最美十大古银杏""北京最美十大树王"银杏树王等殊荣。

银杏树本为雌雄异株，帝王树为雄树，是树中之王。在"帝王树"西侧的1株古银杏，就是后来补种的"配王树"。配王树应为雌树，但2株却都是不能结果的雄树。即便如此，"配王树"的名头还是保留了下来。传说乾隆皇帝踏青时在此树下吟诗一首："禅茶品茗沁心田，呵气如兰妙不言。欲尝百年白果味，配王金秋银杏鲜。"乾隆皇帝忽略了此配王树是不结果的雄树的事实，给后人留下了错点鸳鸯谱的笑谈。

在毗卢阁殿门前西侧，1株柏树与1株柿子树相伴共生，像亲密的情侣。人们取其谐音，"柏柿"——"百事"，称其为"百事如意树"，又称为"事事如意柏"。2株不同属种的树木相伴共生，互不排斥，实属罕见。

潭柘寺毗卢阁东侧的2株二乔玉兰，在每年三四月花开时，紫中带白的玉兰花绽满枝头，满树绯紫十分娇艳，如灿烂云霞般怒放，堪称盛景。

"二乔"，即东汉末年乔公的两个女儿——大乔和小乔。传闻中此二人虽长相不同、装束有异，但皆为天香国色。如明代李昌祺的《题并头牡丹图》："红嫣白嫩孰可拟，二乔初嫁争芳妍。"用"二乔"来命名这株一花两色、上白下紫的玉兰品种，是十分恰当的。

不仅古树，毗卢阁的风景也同样引人入胜。登上高大的毗卢阁，只见眼前殿宇嵯峨，烟云氤氲，整座寺院香烟缭绕，每座殿堂前的铁焚炉、铜香炉内，成炷成把的高香燃尽一层又一层，烟雾升腾，弥漫全寺。透过青烟，钟馨声悠，幡幢微荡。游人至此，仿佛置身于西天佛国的祥云慈雾之中，颇有一种出凡入圣之感。

8 事事如意柏

9 二乔玉兰

曲水流觞赋新词，七叶参天问旧佛
——西跨院区

潭柘寺西跨院区包括流杯亭、大悲庵、楞严坛、龙王殿、观音殿、祖师殿区域，区域内共有古树28株。众多古树之中，最著名的当数位于流杯亭的古七叶树。

流杯亭是中国的特有建筑，是根据我国古代三月三"曲水流觞"的习俗而建造的。乾隆皇帝曾作有题为《猗玕亭》的七言绝句一首："扫径猗猗有绿筠，频伽鸟语说经频。引流何必浮觞效，岂是兰亭修禊人。"

流杯亭院内有1株古七叶树，树叶翠绿繁茂，为古刹增添了一抹生机。与古刹相映成趣。

在中国，七叶树与佛教文化有着很深的渊源，是佛门的一种标志，七叶树寿命较长可达千年以上，有风水神树之美誉，常被佛教界植于寺院而作为镇寺之宝树。潭柘寺内古七叶树众多，除了流杯亭，大悲坛也有，流杯亭及大悲坛院内的古七叶树与佛教的种种不解之缘，亦是众说纷纭，引人遐想。

它们既是大自然的杰作，也是历史文化的瑰宝。它们见证了潭柘寺的历史变迁，承载着深厚的佛教文化底蕴。

10 流杯亭古七叶树

称舍利塔。

潭柘寺的金刚延寿塔前，矗立着2株枝干挺拔、翠叶婆娑的古松，名为"双凤舞塔松"。2株古松的树冠像两面葱翠的羽扇一样护卫着洁白如玉的佛塔，看起来别有一番情趣。

从寺的西北门外通往龙潭的山路是观赏"双凤舞塔松"的最佳位置，这个角度望向凤松，你会清楚地看到凤冠、凤头、凤眼以及展开的凤翅，惟妙惟肖，栩栩如生。同时也只有从这个角度，才会见到洁白的佛塔衬着翠绿的古松，二者浑然天成，妙不可言。

佛塔白似玉，双松翠如翡
——东跨院及东观音洞区

潭柘寺的方丈院内生长着2株桧柏，为辽代所植。相传寺内得道的高僧就是从这里升入仙界的，所以得名"登天柏"。古树树干粗壮挺拔，直插云天。其树龄已逾千年，今天仍然生机盎然。

在潭柘寺东路建筑群的后部，有一座高大、洁白的僧塔，此塔名为金刚延寿塔，通

11 登天柏
12-13 双凤舞塔松

犹有镇山枯柘木，山僧不惜弃空郎
——西观音洞区

潭柘寺山门前牌楼的西侧，小停车场至西观音洞路右侧第一级台阶处植有1株树龄超百年的柘树。明清时期民间传说，潭柘寺的柘树皮能治妇女不孕症，于是人们争相剥取柘树皮，致使满山的柘树几乎灭绝。山上的古柘树现仅存这1株，故尤为珍贵。清代诗人李恒良有诗云："犹有镇山枯柘木，山僧不惜弃空郎。"

14

镇山柘树

▶ 西峰寺古树分布示意图

① 古银杏树 110109A00180
　其他古树
① 西峰寺

守望京西，白果之王
——西峰寺古树

西峰寺位于门头沟区永定镇苛罗坨村西侧，这里山清水秀，景致独特，南与戒台寺相对，西北与潭柘寺相望。寺庙始建于唐代，初名慧聚寺，后改玉泉寺，明代重修，定名西峰寺，至清代成为光绪帝的弟弟——恭亲王奕䜣的墓园，其历史悠久，有《重建西峰禅寺记》《重建西峰禅寺碑记》《敕赐西峰寺碑记》等众多史料印证。寺庙古时处便捷之地，不远处的荒草之下，依稀可见京西古道中的庞潭古道遗址。

西峰寺内孕育有 5 株古树，其中一级古树 1 株，二级古树 4 株，树种包括银杏、侧柏。5 株古树均是当之无愧的"活文物"。但于人们而言，最具吸引力的还是寺中现存的门头沟区最古老古树——千年银杏"白果王"，人们站在远山之巅依旧看到它挺拔的

1　白果王

身姿。这株银杏位于二进院落的正中央，据传树龄约 1800 年，比潭柘寺的年龄还要大上 100 多岁。古树树冠层叠，伟岸参天，树下有一残碑，记载着西峰寺的历史，以及过去人们对这株树的敬意与称赞。

1800 多年过去了，西峰寺这株白果王依旧健康挺拔，即使已经千余岁，依旧生机勃勃，硕果累累，也将继续肩负守望古都的职责。

▶ 上岸村古树分布示意图

❶ 古槐 110109A00927
❷ 古槐 110109B00928
❸ 古槐 110109B00925
❹ 古槐 110109B00926
　其他古树
★ 北京科技高级技术学校

茶棚边界岸上槐
——上岸村古树

关于上岸村名字的来源，据村中老人讲，在永定河上有一个渡口，有很多香客僧侣从小渡口上了岸，但他们并不知道这个地方的名字，所以就把这个地方叫作"上岸"。古村经过拆迁，原貌已无从窥见，但在原有的土地上建立起了一所学校。根据校内档案记载，该校所在地曾是戒台寺12亩茶棚的边界，后来，茶棚被赠送给了近代京剧大师谭鑫培作为其家族墓地，而茶棚的边界则建起了学校。

校园内共有4株古槐，分布在学校内的西北角，其中一级古槐1株、二级古槐3株。它们昂首挺胸，风姿绰约，见证着百年的历史变迁。而这株一级古槐更是曾作为戒台寺12亩茶棚的界标树，在此度过了300多个春秋。古时，戒台寺通往北京城的路还是土路，一到刮风下雨就泥泞难行，但这株古槐却年复一年地矗立在茶棚的边界，见证着戒台寺通往北京城的市井民生。

北京科技高级技术学校古槐

1

▶ 南辛房村古树分布示意图

- ① 南辛房古油松群
- 其他古树
- ★ 南辛房村村委会
- ① 潭柘寺中心小学附属幼儿园
- ② 潭柘寺书院

青松潇潇处，古塔院昭昭
——南辛房村古树

南辛房村原称"新房"，后改为"辛房"。村庄地处鲁家滩山间盆地边缘的山地丘陵之上，地势平坦，土层厚而肥沃，非常易于耕种。

肥沃的土壤造就了生机盎然的古树，据统计，村域范围内共有古树 31 株，其中 11 株散落分布在村庄内，18 株集中分布在潭柘书院东侧，多为油松，被称为"南辛房古油松群"，又因其历史文化被称为"南辛房塔院古树群"。

南辛房塔院的由来有两种论断：一为弘恩寺塔院，据《北京门头沟村落文化志》介绍："在弘恩寺的边上，有一个塔院遗址，据老辈人说，这里原来有很多的砖塔，是埋葬弘恩寺历代高僧骨灰的地方。"二为潭柘寺南塔院，先后在《门头沟文物志》第一次、第三次普查中记载"墓 366 潭柘寺塔院 金一清南辛房乡南辛房村""3-1-116 南辛房村塔院明 潭柘寺镇南辛房村"。

根据查询各类史料，本书认为第二种说法更为可靠，证据有三：

其一，《潭柘寺碑记》记载：南新房村南塔儿崖，第五代本然明寿律师塔，清代。

其二，典籍及其他历史图书记载。《抱瓮灌园集》有云：潭柘寺西南五里山坡间，为南辛房塔院。占地约二十亩，旧有院墙围护。塔院内古松古槐十分繁茂，气势森森。《清潭柘山岫云寺志》卷一记载：乾隆元年（1736 年）开建塔院于新房村西南山坡塔儿崖。新葬入此塔院的是第五代本然明寿律师。《京西古镇——潭柘寺》中也介绍道："……一处在南辛房与鲁家滩交界处，这片塔林规模很大，占地数十亩，主要埋葬明代以及部

1
南辛房
古油松群

分元代僧人，以密檐塔为主，此处塔院在解放前就已废弃……"

其三，根据相关书籍记载位置与古树群现今位置对比确定。《京西古村》中关于相邻村庄鲁家滩村有这样一段记载："南塔院为元明两代潭柘寺僧人的墓地。位于村北108国道北侧……每层台地的甬道两侧各有1株古松，南北相对，宛如门户……现今只有径粗1米的一级古松1株以及二级保护古松数株。"对比古树分布图，南辛房古油松群刚好处于鲁家滩村北侧，位置高度重合，因此南辛房塔院为潭柘寺南塔院理论较为合理。

曾经的古迹已无存，唯有古树仍在原址矗立，叙述着历史的故事。

▶ 何各庄村古树分布示意图

- ① 古槐 110109B00173
- ② 古槐 110109B00172
- ③ 古槐 110109A00171
- ④ 古槐 110109B00170
- ⑤ 保利首开四季怡园南区

古槐悠悠行道边
——何各庄村古树

何各庄，以姓得名，曾称何家庄，后因谐音改称何各庄。在原有的村庄内，生长着4株古槐，它们各有特色，被誉为村庄的守护神。

后古村拆迁，古树生长地建成了两处葱郁的绿地，其中的3株集中生长在一起；另外1株与其他古树相对而立，位于道路中间。在村庄搬迁、道路修建时，人们特意为其"让路"，保障了古树的生长空间。

站在永安路上，环顾左右两侧的古树，不难想象，在村庄未搬迁前，它们就生长在村民的院子里或院门前，树干十分粗壮，树皮粗糙，上面布满了裂纹和凸起的结节，显得古老又沧桑；树冠茂密，向外伸展，仿佛巨大的伞盖。

古树树冠繁茂，在阳光的照耀下，翠冠闪烁着生命的光芒。驻足于此，仿佛可以看到过去的村民们在炎炎夏日里聚集在树下乘凉的景象。这4株古槐不仅仅是树木，更是这个村庄的历史和文化象征，是过去的记忆与历史的沉淀。

1 古槐

1

石门营村古树分布示意图

- 古槐 110109B00176
- 古槐 110109B00177
- 其他古树
- 石门营村村委会
- ① 地铁S1线石厂站
- ② 石门营新区
- ③ 刘鸿瑞故居

石门古槐，历史地标
——石门营村古树

石门营村位于北京市门头沟区永定镇，村落历史悠久，在明朝沈榜所编著的《宛署杂记》中就已经有了记载，至今大约已有500余年历史。

村落有着丰富的古树资源，相传唐朝大将尉迟恭游经此地被此处古槐的挺拔姿态所打动，便下马驻足欣赏，于是在此处留下了"尉迟恭牵马看古槐"的美言。虽尉迟恭观赏的古槐现已无迹可寻，但村内仍保留有古树5株，一级古树2株，二级古树3株。其中有1株古槐在刘氏宅院内，为二级古树，虽然村落现已经发展成居住区，但刘氏宅院与这株古树维持了原有的样子。游人身处院中坐于树下，远离了城市的喧嚣，仿佛回到了历史中。村中现存的另1株二级古槐，树龄200年以上，树高约13米，胸围约560厘米，冠幅约8米，远远看去，比刘氏宅院外的古槐更显魁梧，树干粗壮有力，树皮纹理清晰可见。时移世异，村落变迁为城市，但是古树都得到了妥善的保护，在都市的喧嚣中还可以看到它们独树一帜的身影。作为历史的见证者，这些古树值得我们保护下去。

1 古槐

平原村古树分布示意图

● 古树
★ 平原村村委会
① 京西古道

槐树寄乡愁
——平原村古树

平原村位于北京市门头沟区潭柘寺镇，距今已有数百年的历史。平原村与周围的几个村落最初的职能是为潭柘寺储存粮食，后逐渐发展成为固定的村落。

村内有一处名为石街的地方，有1株古槐树，树高约11米，胸径约243厘米，冠幅约9米，树龄100余年。相传这株槐树是山西人迁来此地后，为了表达对家乡的思念之情，在这里种下了这株槐树，所以当地人们亲切地称它为"思乡树"。古槐长势良好，每个远离家乡的人在树旁都倍感亲切，落日下靠着老树乘凉，也会给异乡人轻松惬意的感觉，仿佛回到了自己的家乡一般。在此处，古树是每个远离家乡的人的温馨港湾。

1 古槐

妙峰山香道古树

▶ 妙峰山（涧沟村）古树分布示意图

❶ 玫瑰园古松 110109A01104
❷ 回香阁"双松" 110109A01074
❸ 回香阁"双松" 110109A01075
❹ 祈福圣松 110109A01081
❺ 救命松 110109B01080
❻ 大斋堂"双松" 110109B01088
❼ 大斋堂"双松" 110109B01089
❽ 灵官殿古松 110109B01184
❾ 指路松其一 110109B01125
❿ 观音观经松 110109B01121
⓫ 引客松 110109A01120
⓬ 知客松 110109B01115
⓭ "红色"古槐 110109B00540
● 其他古树

妙峰山及涧沟村古树

四面有山皆如画，一年无日不看花
——总述

1933年，法国一位摄影师在妙峰山拍下了一张进香的照片。在这张照片中，昔日古朴的建筑和高大挺拔的古树下，人们挑着担子，裹着头巾，不顾烈日，络绎来往。

明朝伊始，妙峰山就在节庆吉日举办庙会，每逢农历四月初一至十五，方圆数百里内的善男信女络绎不绝，庙会规模宏大壮观，盛极一时。这里被誉为中国民俗文化的发祥地，也是近代民俗学野外调查研究的发祥地，更是京西古道文化遗存的重要组成部分。

除了人文风貌，妙峰山的自然景观也是妙不可言。

"四面有山皆如画，一年无日不看花"。妙峰山之所以能呈现这样的景象，是因为这里空气清新，生机盎然。除花草外，这里的古树同样引人注目。妙峰山国家森林公园及山下涧沟村共同管护着妙峰山234株古树，范围包括景区北门途径进香古道至涧沟村的全部范围。其中：一级古树15株，二级古树219株；树种主要为油松、侧柏，其中油松200余株，是门头沟地区最大的古油松群。

妙峰山上的寺庙香火不断，庙会热闹非凡，山下村庄里也是一片祥和，处处袅袅炊烟。当人们站在金顶妙峰山上远眺之时，便可看到游人沿着乡间小径拾级而上，路两旁的古树排列有序、迎来送往。

万众朝金顶，千松汇绿源
——金顶娘娘庙区

金顶娘娘庙位于妙峰山风景区的东侧，是景区的人文、景观中心。其范围内的古树由妙峰山国家森林公园统一管护，共有44株，其中一级古树有10株。

妙峰山的古松中最为出名的便是祈福圣松及"救命松"。

祈福圣松位于喜神殿西侧下坡，树龄已有400余年，树体粗壮光滑、树冠圆阔，似是一柄华盖庇佑着来往的香客。

《树之声：北京的古树名木》中又将这株古树称为"圣古松"，将其视为妙峰山上的圣物。自古人们便认为古树有灵，祈福圣松的存在更是寄托了游人美好的愿望。

外观与之相反的，是位于齐天乐茶苑北侧，1株伤痕累累却葱郁挺拔的老树，它就是著名的"救命松"，也叫"英雄松"。

抗日战争初期，由纪亭榭率领的抗日国民军一总队在向平西深山区的青白口、斋堂一带转移途中，于金顶娘娘庙遭遇日军轰炸。彼时29架敌机轮番在空中轰炸，一枚炸弹就落在纪亭榭身边不远的地方，情况危急之时，飞起的弹片恰巧被1株古松挡住，从而保护了英雄免于伤害。后来人们就把保护了纪亭榭的这株古松命名为"救命松"。

从北口直抵金顶中部平台，1株树形优美的古松一长枝伸向娘娘庙方向，似欠身指路一般。其实这株古松是回香阁阶前左右双松之一，树高约12米，胸围约240厘米，平均冠幅约15米，树龄300余年，为一级古树。

1-2 祈福圣松
3 救命松
4 回香阁"双松"

位于回香阁阶前的"双松"树形优美，而大斋堂门口的"双松"则造型奇特，似两只振翅欲飞的凤凰。站在树下，难窥其全貌。离远观望，便可以看到它的凤冠。

每到6月，被誉为"玫瑰之乡"的妙峰山上，漫山遍野的玫瑰竞相开放，到处都是紫红色的花朵，场面颇为壮观。行走在玫瑰园内的石阶小道上，玫瑰馨香扑面而来，令人陶醉。其入口300米处，1株形态舒展优美的古松静静伫立着，与游客共同置身于花的世界，共赏沁人心脾的玫瑰芬芳。

5 大斋堂"双松"

6 玫瑰园古松

一缕松云指，引客入鸿蒙
——涧沟古村区

妙峰山传统庙会始于明代。这里自古便有妙峰山的娘娘"照远不照近"和"香火甲天下"之说。

通往妙峰山的香道历来比较发达，作为京西古道文化遗产的重要组成部分，目前大段香道保存完好，虽沿线茶棚多数不存，但其遗址可辨，辉煌可寻。如织的游人沿着村西的古道拾级而上，恪守着进香的传统。

村庄内的古树遍布村域，集中分布在进香古道的两侧，共计190株。其中，一级古树4株，二级古树186株；树种包括油松、侧柏、槐树。油松及侧柏整体生长于古道两侧的山坡上，形成了"古松引路"的景观，而槐树则主要分布在村内路边、民居旁，安静地见证着村内的百年故事。

涧沟村以盛产玫瑰花闻名，鲜为人知的是，抗日战争和解放战争时期，平西情报交通联络站一支执行特殊任务的队伍曾潜伏于此。时光荏苒，平西情报交通联络站原址几乎成为废墟，但是涧沟村人却始终保护着这段历史的记忆。现在的平西情报交通联络站展览馆就在涧沟村山坡上，与馆前树龄100余年的槐树一起，共同回味着那段"红色"时光。

沿古香道穿过几重民居，即可见到雄踞于一处山石之上的"知客松"。树龄200余年，高约9米，胸围约166厘米，平均冠幅约12米。

早期的涧沟村规模没有现在这么大，人们在村口就能远远望见这株古树。为什么香道上的第1株古松被称为"知客"呢？因为娘娘庙最初是座道观，后改为僧人住持，在佛教里，知客一是指寺院里专司接待宾客的僧人，二是指负责接待宾客的僧职。"知客"松，便是把松树人格化了。

过"知客"松后，拾级而上约三十步，山路转角处，路左就是"引客"松。因树体倾斜，一枝前伸，似人在欠身引路，做出"请"的姿势，故得名"引客"松。这是涧沟村至金顶的这段香道上少见的树龄超过300

7 古槐

年的古树。

观音观经松生长在妙峰山古道路西，"引客"松北侧，据说此松旁边原有一所辽代的寺庙，寺庙初建之时，此松便矗立庙前。它苍翠的枝干像张开的双臂，迎接前往妙峰山的香客。

灵官殿殿外一处平台上，有孤松1株，生得较为有趣，很像一峨冠博带的侍者，昂首挺胸擎着一把绿伞。还像一位虔诚的香客，捧着一束鲜花，朝着金顶叩拜。

8 知客松
9 引客松
10 观音观经松
11 灵官殿古松

▶ 龙泉务村古树分布示意图

❶ 洪智寺古银杏 110109A00263
❷ 洪智寺古银杏 110109A00264
❸ 椒园寺龙虎柏 110109A00265
❹ 椒园寺龙虎柏 110109A00266
❺ 椒园寺古银杏 110109B00267
❻ 椒园寺古银杏 110109A00268
⬤ 其他古树
★ 龙泉务村村委会
❶ 洪智寺
❷ 椒园寺

村有椒园寺，松呈龙虎姿
——龙泉务村古树

门头沟区的龙泉务，旧时亦称作务里村。"务"字来源于明代《宛署杂记》：务，为动词之意"做"。"务里"可引申为制作瓷器的场所。务里村，就是朝廷或官家设立的管理烧制瓷器的工作机构或收税机构。由此可见，村子于明代已得名"务里"，且源于烧瓷，1985年，该地的瓷窑考古发现也佐证这一点。

除村名有趣外，村内还存留有9株古树，其中一级古树7株、二级古树2株，树种包括银杏、槐树及桧柏。它们分布在村庄、古寺、遗迹中，其中最为出名的当数椒园寺"龙虎柏"。

《北京古迹名胜词典》记载：椒园寺亦称蛟牙寺。民谚曰：先有蛟牙（寺）五百年，后有潭柘（寺）一千年。寺庙虽已不存，但遗址上尚留2株古柏，是村中极具观赏价值的古树，相传是守庙人为寺内被盗的珍贵香炉悲号3个昼夜后，所化身而成的寺庙守护神。走进细观，龙柏高约14米、胸围约330厘米，树干旋转探天，似蛟龙出海；虎柏高约13米、胸围约501厘米，树干上巨大树瘿傲然突起，如猛虎探头，它们是椒园寺传世之宝。寺中另外2株被称作"夫妻树"的古银杏，1株傲立挺拔，另1株垂眉谦顺，也有一番趣味。树的周围四散几片黄、绿古残陶片，似是担忧古树孤独，陪伴其右。

现在的椒园寺遗址上已专门为4株古树建立起主题公园，新时代赋予了它们更大的生存空间、更深的生长信念和更广的生命轨迹。

1
椒园寺
龙虎柏

庙会香道篇

东山村古树分布示意图

① 古银杏树 110109A00381
★ 东山村村委会

过街塔盘道，白果存南庙
——东山村古树

东山村，顾名思义，村子依山而建，位于门头沟区军庄镇之东。据史料记载，距第一批村民建村居住于此，已400余年。

谈及东山村，不可不说起通往香山的民间古道，《宸垣识略》（清）中记载："煤厂村有关圣庙……以通人骑。又西缘山行为天宝山，过街塔盘道矣。"书中所述的"过街塔盘道"即为此道。一石一砾皆由村民出资、出力共同修成，是乡亲们团结一致、共同攻坚的成果。该道自建成使用已有200余年，如今仍保持原貌，泉水涌出，叮当作响；树木交织，成为一张隔绝烈日的天然叶网。进入古道，犹如进入仙人境域。

走入这片林木境地，还可在村南的南庙——乡情村史陈列室院内寻到1株300余年的一级古银杏，冠幅约13米，树体高大约16米，远远望去，如守护神一般，护卫这片村庄的安宁。

1 古银杏树

1

军庄村古树分布示意图

● 古槐 110109B00376
● 其他古树
✦ 军庄村村委会
● 过街楼

满树银花垂露，蜂蝶漫舞绕槐
——军庄村古树

军庄村位于门头沟区军庄镇的西部地带，军庄村是一个历史悠久的村落，早在唐末辽初时期已经有所记载。军庄村，顾名思义，与古代军事有着千丝万缕的关联。据《北京市门头沟区志》记载："公元前20世纪，军庄镇一带有军队驻扎，使用铜剑和铜戈。"

军庄村中有个寺庙，位于村南，名为南庵庙，即仲家的私庙，现已改为军庄镇历史文化陈列馆。院中有1株长势茂盛的古槐，距今已有近300年的树龄，树高约14米，胸围约400厘米，冠幅约8米。

这株古槐见证了南安庙的历史变迁，从最初的仲家的私庙，到军庄村的小学校，后又成为村委会的办公场所，现如今建设为军庄镇历史文化陈列馆。

举首仰望，古树遮天蔽日，生机盎然。

1 古槐

这株古槐以坚韧的毅力和博大的情怀，护佑军庄村百姓平安。

庙会香道篇

▶ 下苇甸村古树分布示意图

● 龙王庙黑白龙柏 110109A00293
● 龙王庙黑白龙柏 110109A00292
● 其他古树
● 下苇甸村村委会
● 龙王庙

黑白双龙镇水患
——下苇甸村古树

旧时，有很多村庄，都会在寺庙里种上1株柏树或者槐树，称其为"神柏"或者"神槐"，用来寄托村民们对于风调雨顺、生活安稳的美好期盼。妙峰山镇的下苇甸村就有这样一座古庙与2株古树。

古庙为龙王庙，庙前是汹涌的永定河，后面是悬崖峭壁。龙王庙历史悠久，最早可追溯至明万历二十年（1592年）。院子里有2株古侧柏，像是两条盘踞在半空中的巨龙，随风而舞，仿佛在讲述着这座庙宇的古老，展示着无声的守卫。2株古树植于明代，树身粗壮，树干盘根错节，连成一片，被称为"黑白龙"，据说能治理永定河上的水灾。

叶长千年茂，根扎大地深。这2株"黑白龙"见证了岁月的变迁，见证了一代代村民对美好生活的期盼与拼搏，陪伴着村民度过一年又一年安稳祥和的生活。

1
龙王庙
黑白龙柏

灰峪村古树分布示意图

● 古树
✪ 灰峪村村委会
ⓘ 军庄镇文化活动中心

灰峪古木，枝叶扶疏
——灰峪村古树

妙峰山古香道南道有一座古老的村落，叫作灰峪村。灰峪村建村于明代，距今已有600多年的历史。相传在明朝永乐年间，自山西省逃荒来的一位崔姓老妪带着两个闺女在此结识两位小伙子，一位姓许、一位姓郝。老妪将两个女儿嫁给了这两个年轻人并在此安家，繁衍后代，一个小山村便逐渐在这里形成了。村子四周石灰石非常多，并且由于这里的石灰石烧出的石灰质量好，人们纷纷来此购买。朝廷和一些私人商贩在这里开办灰窑。因所出产的石灰出了名，人们就把这个山村定名为"灰峪村"了。

古老的村庄常有古树相伴，灰峪村共有11株古树，均为二级古树，树龄集中在200余年。古树中有4株槐树、7株侧柏，其中槐树多沿街道分布，枝叶扶疏、浓郁蔽日；侧柏则集中分布在墓园内，古木参天、绿树成荫。这些古树的存在，见证了这个村落的演变，陪伴了一代又一代的灰峪村村民。

1 古槐

▶ 禅房村古树分布示意图

● 古油松 110109B00600
● 其他古树
✚ 禅房村村委会
● 村中古庙

禅房红墙立，古松挺且直
——禅房村古树

京西山环山绕，风景秀丽，俗话说"天下名山僧占多"，京西寺庙很多，许多村子都和寺庙有关系，村民有为寺庙种地的，有为寺庙烧砖的，有为寺庙种菜的，还有为寺庙提供各种劳务的，等等。禅房村就是这样一座村庄。此村因临近妙峰山大云寺，便为其开窑烧砖，长此以往，村庄既是不少和尚食住之地，又是其办公的场所，便逐渐以"禅房"命名了。

至今，村内仍保有一座小禅房，房外红墙圈立，颇有一种"天圆地方"的哲思。墙内1株古松犹如一把绿伞，一半遮于屋顶，一半探出墙外，仿若古时随僧众来此游玩的小沙弥，好奇地张望着村民的日常生活。时至今日，僧人曾居住、制砖的场所已了无踪迹，仅余禅房1座、古松1株记录着这段历史。

1 古油松

▶ 担礼村古树分布示意图

● 古侧柏 110109A00575
● 其他古树
★ 担礼村村委会
● 丰光寺

钟磬声韵透，树影古道香
——担礼村古树

担礼村历史文化底蕴深厚，是一个明代之前便存在的古村。明《宛署杂记》上已有记载，当时村名为"弹里"。"里"是街巷之意，"弹"表示很小，是弹丸之地之意，"弹里"是小村的意思。后因担礼村临近妙峰山古香道南道，前往妙峰山娘娘庙进香的富人多雇佣村民担着礼品，故村名改作"担礼"。

或许因村庄临近妙峰山金顶娘娘庙，受其影响，村内也建有一座古寺——丰光寺。寺庙修建年代不详，但保存尚好，寺内不仅留有正殿、配房、耳房及影壁，更生长有2株古侧柏。其中1株为一级古树，树龄300余年，苍翠挺拔；另1株为二级古树，树龄100余年。有趣的是，二级古树的树枝上悬挂有一口铁钟，钟内落款"光绪二十三年三月二十三日立"。相传铁钟原是悬挂于宝鼎

1 古侧柏

昆仑山极乐古洞寺庙内的，后因战乱，寺庙被毁，为留存古物，便被赠予了丰光寺。

至今，寺庙已被翻新，改为村委会办公地，但当清晨的第一缕阳光洒向院内，村内仿佛又响起那锵喤的钟鸣，随风飘远。

松柏绕城郭
——上苇甸村古树

上苇甸村古树分布示意图

● 古油松 110109B00622
● 其他古树
✚ 上苇甸村村委会

上苇甸村位于妙峰山镇西部，始建于明代，因位于张玉沟的上游，沟边湿地又盛产芦苇，故称"苇甸"，又因与其相邻的村子也以"苇甸"为名，为与其区分，故将分布在山上的村落称为"上苇甸"。

上苇甸村有 43 株古树，主要分布在村庄周围的矮山之上，少数分布在村内及寺庙周边，这之中来头最大的当数尼姑庵门口的古油松。

上苇甸是清代前往妙峰山金顶娘娘庙进香的必经之路，路边庵庙、茶棚林立，供往来香客歇脚。村内的尼姑庵前身便是一处茶棚，每逢妙峰山庙会时，村民便会向往来的香会和香客免费供应茶水。树体生长于庵堂西侧的山坡上，树冠向东倾斜，半搭在庵庙的院墙之上，呈倚靠之姿。此外，在村委会东侧的路旁还生长有 1 株高大的古油松，舒展的枝干仿佛在向来往的车辆招手。

如今，虽古迹已破败甚至消逝，但村内的众多古树仍固守着古村落，仿若追寻着旧日美梦。

1 古油松

庙会香道篇

孟悟村古树分布示意图

❶ 古侧柏 110109A00380
❷ 古侧柏 110109B00379
❸ 古侧柏 110109B00378
❹ 古侧柏 110109B00377
✦ 孟悟村村委会

古道古村古树笑
——孟悟村古树

孟悟村位于门头沟区军庄镇一处两山间的平坦台地上，村子三面环山，风光旖旎，临近京西古道中的妙峰山古香道，是一处不可多得的旅游胜地。

村子始建于明初，至今600余年。相传最早是明代山西洪洞县大移民中的孟姓搭窝居住于此，随着居住的人增多，达到村子的规模，故称"孟窝村"，此叫法于《宛平县志》中可考证，后改为"孟悟"一直沿用至今。

村委会旁原有一座关帝庙，两进院落、三重殿宇，现仅余后殿三间，场地改为村民活动中心。寺庙还留存有古树4株，分布在关帝庙内外。查看古树位置，依稀可分辨原有山门及两进院落的规模。其中，庙前的古树，树龄100余年，为二级古树，其树高约8米，胸围约260厘米，冠幅约7米，现为

1 古侧柏

村中老人纳凉的最佳处所；2株古柏并肩而立的便是寺庙前院，这2株古树等级均为二级，树龄100余年；继续向里，便到了曾经的后院，也是生长有村中唯一1株一级古树，树高约13米，胸围约480厘米，粗壮笔直，树皮呈螺旋样旋转向上。

如今，4株古树在村民的照顾下更显生机，作为回报，它们也会陪伴着村民走过一次又一次的秋收冬藏。

麻潭古道古树

▶ 桑峪村古树分布示意图

❶ 广慧寺古银杏树 110109B00471
❷ 广慧寺古银杏树 110109A00472
ⓘ 广慧寺

广慧寺中拾金秋
——桑峪村古树

潭柘寺镇镇域东部有一处山谷村落，如世外桃源般仅靠一条谷口与外界相连，村民自古以栽桑养蚕为生，因此得名桑峪。桑峪村四面环山，通往周边村落、潭柘寺的古道尚存于世，与邻近村落最近为1公里，最远不过8公里，为京西古道必经之路。

"先有潭柘寺，后有北京城"。潭柘寺历史悠久毋庸置疑，但鲜有人知，距潭柘寺数公里外的半山腰处的京西古道旁，还留有一废弃的皇家寺庙，庙基之上是残存山门、院墙、影壁墙、正殿、西配殿、残缺的龟趺及2株高大肃穆的银杏树。该寺名叫广慧寺，寺庙建成已久，明代《宛署杂记》对其来历这样记载"永乐丁酉，朝鲜僧懒赞来朝，筑精舍"。表明它始建于明朝年间，但据当地百姓介绍，其前身汉朝初期便已落成。

寺庙坐北朝南，三面群山环绕，环境极佳，院内留有村中唯二的2株古银杏，其中1株树龄400年以上，为一级古树，高约10米，胸围约382厘米，树旁小枝丛生，似子孙孩童绕其膝下，有福寿绵延之意；另1株生长也达200余年，为二级古树，树体高约14米，如4层房屋之高，胸围约303厘米，树冠舒展近乎树高，约12米，遮天蔽日，如卫兵凝神伫立，时刻为寺庙村庄站岗警示。两树庄严神圣，长势良好，穿越百年依稀可从中探寻寺庙往日的宁静。值得欣喜的是，近年来得益于门头沟区园林及文旅部门对其进行的修复工作，古寺正在重现昔日光彩。

1
广慧寺
古银杏树

▶ 阳坡元村古树分布示意图

● 古侧柏 110109A00491
● 其他古树
● 紫旸山庄

紫旸山庄侧柏立，天仙宫中古树丰
—— 阳坡元村古树

阳坡元村也叫羊保园或元宝园，得名于村庄所在山坡为山体阳面。该村与潭柘寺建寺时间极为接近，为潭柘寺镇所辖"里十三"的村庄之一。"里十三"指的是潭柘寺镇里围绕潭柘寺而建的十三个村庄，古时主要承担潭柘寺柴米油盐的供应。

也正因村庄存在时间久远，村内古树资源丰富，从古树等级来看，有一级古树1株、二级古树14株；从树种来看，有侧柏2株、槐树3株、油松10株，共15株古树。最古老的当属长于村庄东侧的1株古柏树，已是300余年高龄。树高度约7米，冠幅约6米，与其他树无异，虽不高大，但树干却粗壮有力地扎根土中。

村子东侧有一天仙宫，是为主管青春的"天仙圣母碧霞元君"所建。古刹坐北朝南，

1 紫旸山庄古树

内外皆有盘虬参差的古树，共计4株。古时，每年的四月初一至十五，都要举行娘娘庙会，每到此时，庙宇内外人流如织，或在树下驻足参拜或停靠乘凉，热闹非常。

如今，阳坡元老村在乡村振兴的契机下，以"村集体+企业"的新模式建立起了"紫旸山庄"精品民宿区，晨钟暮鼓，半烟半雾，古树、名刹、群山、鸟语，恰如其分地自在与惬意，如梦如幻。

1

赵家台村古树分布示意图

● 东井大松树古树群
● 其他古树
● 赵家台观光园

光看这枝干，好像诉说着历史。园林主管部门对这些古树进行了整体保护，不仅为古树群及其生长场地设立了围栏，还树立了多处保护和科普宣传牌。百年来历经沧桑而不倒，这些古松也是赵家台村几百年历史的见证。

1 东井大松树古树群

赵家台旧村，有着悠久的历史和丰富的文化资源。据村内老人们讲，这里曾是一座繁华的古城，有着"铁打的赵家台"之说。村内现存有明清时期的古地道，蜿蜒曲折，贯穿全村。在地道内有一口崇祯年间的古钟，声音浑厚、悠远。村里有一座古宅老院，已经有500余年历史，虽历经风雨侵袭却依旧保留着它最初的模样，在这里你可以感受到古老村落的沧桑与厚重。

村里有一口古井，井口直径60厘米左右，深3米，向东1米处，有一间1米见方的仙堂。在这座大殿中，有一尊龙王的雕像。每当干旱的时候，人们就会在神庙里放上祭品，点燃香火，祈祷神灵降下雨水。井口旁有一组古油松群，共有16株，均为二级古树。枝干虬曲苍劲，缠满了岁月的痕迹，

90
京西古树寻迹

郁郁井边松，杳杳晚钟声
——赵家台村古树

桥户营村古树分布示意图

❶ 古槐 110109B00194
❷ 古槐 110109B00193
★ 中共桥户营村支部委员会

槐花落村路，树荫照白墙
——桥户营村古树

永定河西河从村东面穿流而过，为连接东西两岸，潭柘寺出资建造了一座板桥，后成为此地交通要道。当时负责看守、养护板桥的人家，后来就在这里安家，"桥户营"的名称由此而来。

桥户营村的药王庙于新中国成立前在京西一带颇有盛名。每年阴历四月二十八，药王爷诞辰日都会举办盛大的庙会。

虽然现在古村已经搬迁，庙会也无迹可寻，但传统和文化的见证者仍存。石龙东路两侧有2株古槐，1株树龄200余年，1株100余年。根据《北京门头沟村落文化志》统计，这2株古槐正是曾经药王庙外的古树。

古道两边景异情移，2株古槐静静地矗立着，见证了桥户营村的历史变迁。

1 古槐

▶ 冯村古树分布示意图

● 古侧柏 110109B00191
● 其他古树
★ 冯村村委会

新村屋前有古柏，柯如青铜根如石
——冯村古树

在京西古道旁有一个古老的村落叫作冯村，又叫冯家里。据传，首户姓冯，为山西移民，久而久之村庄便以"冯"为名。据《北京门头沟村落文化志》介绍，村内建有吉胜寺、五道庙等寺庙，均已无存，其中五道庙处现为新园小区。对比古树分布位置及资料记载不难看出，五道庙遗迹虽无，但幸运地留存了陪伴过古庙百年的2株侧柏。

古树不仅仅饱含了植物的生命力，随着时间的洗礼，更加被赋予了历史的意义。无论建筑和人怎样变化，古树都在默默见证，默默守候。这便是古树的意义。

1 古侧柏

庙会香道篇

百花山古道古树

张家铺村古树分布示意图

百花山脚，红色卫士
——张家铺村古树

张家铺建村至今约有100年的历史。村庄坐北朝南，依山傍水，小河从村前流过，通往百花山的公路将村庄环绕，既方便了村民出行又加强了村子防汛安全。邓华建立的平西抗日根据地司令部也曾设在本村。因此，张家铺村不仅是百花山古香道的要点，也是红色旅游风景线上的一个亮点。

全村有古树4株，它们是张家铺村发展的见证者，亦是村庄的守护者。古树树种包括蒙古栎、垂柳以及油松。垂柳属速生种，本不属于古树的范围，但将其纳入，足以体现张家铺村对古树历史的珍视。这株垂柳为二级古树，有200余年的树龄，树高约10米，胸径约180厘米，冠幅约10米。它犹如张家铺村中的守护者，屹立不倒，记录着岁月的痕迹。它的树干粗壮有力，树冠蓬勃茂盛，仿佛是村中土地与天空之间的桥梁。它有着属于自己的故事，值得人们去细细品味。

张家铺村的古树皆为村中前辈所栽植，是前辈给后辈留下的宝贵财富，因此，它们更应该被珍视和保护。

1 垂柳

▶ 百花山显光寺古树分布示意图

● 显光寺古落叶松 110109B01542
● 其他古树
● 显光寺

历史的变迁，承载着人们的记忆，它们的存在不仅仅是一种自然奇观，更是一种文化遗产。据《百花山碑记》记载："秀水奇峰揽育万物，奇花异草无以胜数，鸟兽云集四季不徒。"古人对百花山具有"秀逸、雄奇、幽深、瑰丽、狂狷"的真实写照。百花山地形、地貌、地质条件复杂，为古树的生长提

1 显光寺古落叶松

百花山国家级自然保护区建于 1985 年，位于清水镇南端，与房山交界，总面积 2.17 万公顷，核心区面积 0.68 万公顷。其现存的原始落叶松林是北京地区面积最大、保存最为完整的天然华北落叶松林群落，对于研究北京地区植被分布、植被演替具有极强的科研价值、生态资源价值。

保存完整的原始森林为各种野生动物提供了良好的栖息场所，据调查，百花山地区共有野生脊椎动物 26 目 80 科 271 种，高等植物 135 科 572 属 1292 种（包括亚种、变种、变型等），是名副其实的动植物基因库，素有华北"天然动植物园"之称。

百花山有古树 89 株，以落叶松为主，分布在百花草甸西梁、百草畔、二行道及显光寺，树龄多为 100～200 年。古树见证了

供了有利条件,同时也具有很高的科学价值和游览观赏价值。

　　山林、古寺与古树相得益彰,共同构成了一幅美丽的画卷。它们的存在为人们提供了了解历史、了解文化的窗口,让人们能够更好地传承和发扬古树文化、当地历史。

古树名山,百花奇观
——百花山古树

▶ 黄塔村古树分布示意图

① 龙王庙二级古油松 110109B00014
② 村中街一级古槐 110109A00015
  其他古树
★ 黄塔村村委会

风起松花散，又嗅槐花飘
—— 黄塔村古树

俗话说"大水冲了龙王庙"，但在黄塔村却是个例外。村中在唐代兴建的龙王庙，在光绪年间却被大火"冲"倒了。在1934年重建为学堂之后，1941年又被侵华日军的战火"冲"毁。后来村民又集资重建，改为小学，现在成为了一家村民的宅基地。

寺庙经历坎坷，现在已经不复存在，但寺庙内的1株油松却仍在继续诉说着这里的坎坷经历，现在这株见证历史的古树高度已经达11米左右，胸围约170厘米，冠幅约5米。它将在这里继续守护着，把它的故事讲给后人。同时在村落的古道上也保存了更为古老的1株槐树，根据测算，这株槐树树龄在500余年，现在依然长势良好，树高约16米，胸围约550厘米，冠幅约13米，古树生长在中街。如果说油松见证了寺庙的历

1 村中街一级古槐

史，那么这株饱经风霜的槐树就见证了整个村落的发展，陪伴了村民数百个春秋。在村西侧的山顶上，还有1株树龄200余年，高约4米，胸围约188厘米，冠幅约8米的油松，虽不在村中，但却以另一种方式守护着村落。

守护寺庙，守护村落，3株古树已经深深地根植在村民的心中，它们将继续默默地守护村民，继续谱写属于村民的历史。

2
龙王庙
二级
古油松

张家庄村古树分布示意图

● 古油松 110109B00086
★ 张家庄村村委会

清蝉鸣鸣落槐花，寺门空掩斜晖映
——张家庄村古树

清水镇张家庄村，位于109国道沿线，正德年间已开始形成村落，初形成时名为张家寨，寨中最初以张姓和郭姓为主，随着寨子的发展，人口逐步增多，后改名为庄。

在村西有一座庙宇，名为兴隆寺。寺庙于明正德年间创建，嘉靖年间重修，有三间正殿，以及南北禅房各三间。殿内墙壁有彩绘以及人物壁画，现在已经得到了充分保护。寺内有1株树龄近200年的古松，松高约11米，胸围约144厘米，冠幅约7米，翠绿挺拔，已然与寺庙合为一体，互为表里。古树已经成为寺庙的象征，提到古树便会想到寺庙。

树与寺相辅相成，已然成为张家庄不可磨灭的一部分，树与寺承载着此处的风土人情，将此处人文历史一一讲与我们听。

1 古油松

商旅大道篇

5 条 古道线路

27 处 文化资源点

西山大道古树
玉河古道古树
十里八桥古道古树
军沿古道古树
永定河河谷廊道古树

西山大道古树

▶ 琉璃渠村古树分布示意图

① 古银杏 110109A00321
② 古槐 110109B00322
③ 古槐 110109A00316
　其他古树
✪ 琉璃渠村村委会
① 关帝庙
② 琉璃渠北厂 34 号院
③ 琉璃渠后街 50 号院
④ 琉璃渠大街 54 号院

皇家琉璃，古树卫士
——琉璃渠村古树

琉璃渠村是我国著名的"琉璃之乡"。作为我国最早的琉璃窑口之一，琉璃渠村烧造琉璃的历史已有 700 多年。琉璃渠所烧制的琉璃，多用于皇家建筑，所以又有"皇家琉璃文化"之称。西山大道从琉璃渠村东边的永定河以西开始，在太行山脉中穿行，在王平口与另外两条公路汇合，经过村子的过街楼、关帝庙、天盛店、杨煤场、落石尖、丑儿岭山庄，穿过流白水石拱桥，最后到达斜河涧村地界，全长 3 公里。

琉璃渠村，有古树 9 株，其中一级 3 株，二级 6 株，树种有槐树、银杏、皂荚。古树多是沿村内主路分布。在琉璃渠北厂，生长着 1 株 400 余年的古银杏，冠幅约 11 米，银杏树树干笔直，树冠丰满，远远望去，仿佛一位威武的卫兵，守卫着院内的一切。在琉璃厂后街，还有 1 株与古银杏树龄相近的古槐，树体粗壮，主干笔直，浓密的枝叶争先向上生长，好似在彰显琉璃渠人民奋斗不息的传统。

1 古银杏
2 古槐

▶ 三家店村古树分布示意图

❶ 龙王庙古槐 110109A00283
❷ 古槐 11109B00274
❸ 古槐 11109B00270
❹ 古槐 11109B00272
❺ 古槐 11109B00273
　其他古树
★ 三家店村村委会
　三家店小学
❶ 古刹龙王庙
❷ 关帝庙铁锚寺
❸ 白衣观音庵

槐枝探古迹，古树育人杰
——三家店村古树

三家店村是千年古村，据《门头沟文物志》记载：三家店初名三家村，唐代形成聚落，至辽代建村。据说最早在此定居的有三户人家，村名因此而得。三家店有15株古槐树，树龄大部分分布在100～300年，个别超过300年。每年七月，槐花怒放，层层叠叠的槐花，云蒸霞蔚一般，开得繁，开得密，开得灿烂，日日都有新蕊，天天都有花开。

不同于分布在道路两旁的古树，三家店小学内的古树都在感受书墨香。三家店小学是一座百年名校，人才辈出。它的前身是"宛平县第一区三家店初级小学"，于民国三年（1914年）二月建成，校址在"三官庙"，后校址几经变迁，确定在山西会馆，也即今址。学校发展至巅峰时，最多有学生3000余人。老师教书，老树育人，百年名校里的

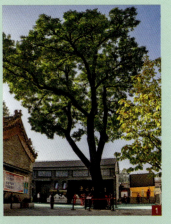

1 三家店小学古槐

百年古树迎来了一批又一批学子。

与三家店小学相隔不远，可见1株古槐探出墙来，这就是龙王庙。庙宇位于三家店村西，坐北向南，背靠青山，西临永定河，始建于明代，清代先后四次重修增建，形成了今天的格局。龙王庙建筑小巧精细，却供奉着东、南、西、北四海龙王以及永定河神。两侧立着雷公、雷母等神灵的雕像，形态各异。庙中有1株古老的槐树，遒劲的树干，茂密的树叶，从寺庙的墙壁上伸了出来，播下浓荫一片。

斜河涧村古树分布示意图

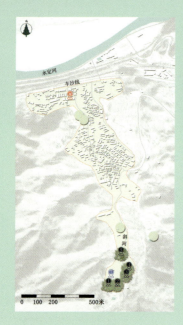

1. 广化寺遗址古银杏 110109A00534
2. 广化寺遗址古银杏 110109A00533
3. 广化寺遗址古银杏 110109B00532
4. 广化寺遗址古银杏 110109A00531
5. 广化寺遗址古银杏 110109B00530
- 其他古树
- 斜河涧村村委会
- 广化寺遗址

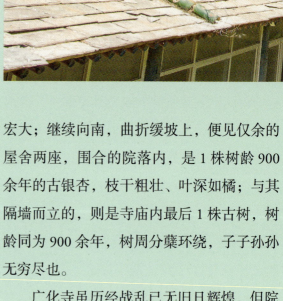

1-2 广化寺遗址古银杏

斜河涧村位于永定河大峡谷的右岸，村庄被群山环抱，拥有曲折的沟道，南有九峰相依，北有永定河流淌，东西两侧低岭相伴，中有斜河涧沟穿过。这是一个美丽的村庄，不仅有秀美的自然风光，还有许多价值极高的文物古迹遗存，古老清幽的古刹广化寺、伟岸参天的千年古银杏树，还有举世罕见的第四纪冰川遗迹，都保留在这块福地上，可谓是绿树青山、斜阳古道、桃花流水、福地洞天。

广化寺位于村南，坐西朝东，依山傍水。寺内共有古银杏5株，其中一级古树3株，二级古树2株。沿道路行驶，至寺院门口处便看到了第1株古树；向内步入寺庙遗址，又遇古树2株，并立依偎、枝叶繁茂，在树下环望一周，可见原有寺院之广阔，规模之宏大；继续向南，曲折缓坡上，便见仅余的屋舍两座，围合的院落内，是1株树龄900余年的古银杏，枝干粗壮、叶深如橘；与其隔墙而立的，则是寺庙内最后1株古树，树龄同为900余年，树周分蘖环绕，子子孙孙无穷尽也。

广化寺虽历经战乱已无旧日辉煌，但院内古老而沧桑的银杏树见证了寺庙曾经的兴盛，也彰显着山区古村蓬勃的生机。

永定河畔古寺中，却话白果金叶时
——斜河涧村古树

▶ 南港村古树分布示意图

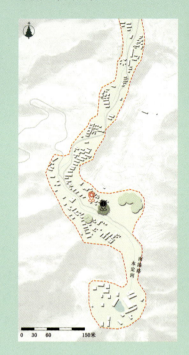

① 古楸树 110109B01312
　其他古树
★ 南港村村委会

木王知春意，繁花伴春来
——南港村古树

关于村落的由来，明《宛署杂记》中并无"南港"之名，清康熙《宛平县志》中始现"南港"村名。村北一带有两个姓氏，即"马氏"和"张氏"。马姓约有45代，张姓15代。现已有十多个姓氏。据说，南港村建于宋朝初期，距今有一千多年的历史。南港村地处永定河之南，九龙山北麓最靠南的村落，且位于山上，所以命名南港村。

南港村有古树9株，古树数量居王平镇之首。古树树种包括楸树、槐树、侧柏及油松。在村委会上坡处，有1株200余年树龄的古楸树。楸树历史极久，堪称"活化石"树种。民间有谚："千年柏，万年杉，不如楸树一枝丫。"古人认为如果把牡丹叫"花王"，那楸树就应该是"木王"。"盖木莫良于楸"，楸树树干通直，木材坚硬，宋《埤雅》："楸，美木也，茎干乔耸凌云，高华可爱。"

历史的尘埃早已随风飘散，岁月也不曾淹没南港的一切，在这株古楸的面前，我们只是一个匆匆过客。它们比我们更早见证了南港村百余年的岁月变迁。

1
古楸树

桥耳涧村古树分布示意图

- ❶ 关帝庙古槐 110109A00111
- ❷ 关帝庙古银杏 110109B00110
- ① 京西古道石碑
- ② 桥耳涧村关帝庙

一叶之灵，窥尽春秋
——桥耳涧村古树

王平镇桥耳涧村，地处该镇的东南方向。《门头沟区地名志》中记载，明代时期在此地修建一条通往北京的牛角岭大道，不久又在此地修建了一条小桥，所以得名桥儿涧，后改称桥耳涧。

在桥耳涧村的村口，有一座关帝庙，又称老爷庙、三义庙。《门头沟文物志》中有关于关帝庙的记载，称其"始建于清朝"。此庙为三合院式建筑，现存大殿三间，东配殿三间，门楼一间，影壁一座，四周环绕着石墙。大殿脊梁上雕着鸱吻及垂兽，屋顶是筒瓦顶，殿前出廊，檐下施有彩色图案，殿内三面墙壁上都画着有关关云长故事的壁画。

在关帝庙门口，有1株一级古槐，有着300余年的树龄。古槐高约13米，冠幅约25米。造型奇特，主干苍遒有力，斜着向

1 关帝庙古槐

上生长，像一位经历了挫折但却依旧积极向上生活着的老者。进入关帝庙，1株古银杏便映入眼帘，树龄100余年。秋天银杏的叶子黄了，景色惊艳极了。一叶之灵，窥尽春秋，金黄的银杏落叶承载着历史的变迁，它是关帝庙历史的见证者。

▶ 东落坡村古树分布示意图

① 古桧柏 110109A00112
❶ 马致远故居
❷ 关帝庙

古道西风拂翠柏
——东落坡村古树

落坡村，一个充满历史底蕴的古村落，位于北京市门头沟区王平镇。这个依山而建的村庄，因其水源充足，也曾被称为"涝坡"。据文献记载，落坡村于1962年分为东、西两村，至今仍保留有名人故居、关帝庙、古树等与京西古道息息相关的历史古迹。

"枯藤老树昏鸦，小桥流水人家，古道西风瘦马……"《天净沙·秋思》的作者元曲名家马致远的故居就坐落在落坡村（现西落坡村）。这首满怀思乡之情的元曲无意中向大家描绘了一幅京西古道的苍茫景象：古道与古树互相陪伴、静默并立。

马致远作品中的那株"老树"，今人已无从找寻，但在现在的东落坡村，一座历经沧桑的老爷庙院中，有1株300余年的古桧柏，仍笔直屹立，向故去的元曲名家叙述着

1 古桧柏

其故去300余年后村庄历经的变迁。

西马各庄村古树分布示意图

- ① 温水岭庙古侧柏 110109A00114
- ② 关帝庙古槐 110109A00914
- ★ 西马各庄村村委会
- ① 温水岭庙
- ② 关帝庙

古道今何往，槐柏仍依依
——西马各庄村古树

西马各庄村有两座庙宇。一座是关帝庙，在20世纪40年代后期被还乡团烧毁，现仅存遗址。据村中老人讲，这座寺庙里曾经有一块石碑，上面写着修建这座寺庙的过程和捐款人的名字。庙中大殿中曾经有一块木匾，上面写着"光绪二十六年重修"几个大字，挂在大殿的门额上。关帝庙内有1株300余年的古槐，它有着旺盛生命力，威武挺拔、英姿飒爽，象征着一种不屈不挠的精神。

另一座庙宇是温水岭庙，明代时修建，坐西朝东。大殿只剩下了一处遗迹，高15.3米，宽4米，两面墙，墙厚0.45米，在大殿的墙壁上，还残留着一些壁画，这些壁画已经存在了几百年，而且还没有褪色，这让人不得不为古人的绘画工艺而惊叹。庙内有1株侧柏，树龄300余年，侧柏是生命之树，具有强大的生命力。它安静地守护着温水岭庙宇，布满"皱纹"的树皮书写着它经历的沧桑，它虽无言辞却已然传达了时间的絮语。

1 温水岭庙古侧柏

西王平村古树分布示意图

① 古槐 110109B00115
✪ 西王平村村委会

百年古槐，见王平兴衰
——西王平村古树

西王平村位于永定河边地势较低的河谷地带，十分适宜人类生活。北京社科院尹钧科先生在《北京郊区村落发展史》一书中说："这里发现了可能属于旧石器时代的遗址。"也就是说，早在旧石器时代，这个地区已经出现人类活动。

明、清以来，京西煤业空前发展，素有"京城百万之家，均赖西山之煤"之说。煤业发达，就必然会有大量的煤炭运输需求，道路也会非常繁忙，从而为当地带来大量的商业机会。古道上的西王平村上、下街也就出现了商铺林立的发达景象。

相传，在很早以前，西王平村有5株古槐树。其中2株在日寇侵华时，为交城派款，被砍掉变卖了。村下街东头1株已干枯死亡，但树干仍存。现今，西王平村村委会门口现

1 古槐

存1株古树长势良好，有着100余年的树龄，树高约11米，与村西的几株大柳树相映成趣。这株古老的槐树，不仅见证了一段艰苦卓绝的峥嵘岁月，还是村里人眼中的"生生不息之树"。在如今和平的年代，它也焕发着新的活力和光彩。

1

玉河古道古树

▶ 黑山公园古树分布示意图

❶ 古白皮松 110109B00363
❷ 古白皮松 110109B00362
❸ 古白皮松 110109B00365
❹ 古白皮松 110109B00366
❺ 古白皮松 110109B00364
❻ 古白皮松 110109B00361
❼ 古白皮松 110109B00360
　 其他古树
　 黑山公园

霜皮溜雨迎暮色，黛色参天沐朝阳
——黑山公园古树

玉河古道，为京西地区最重要的古商道线路之一。传说，五代时期，在卢龙节度使刘仁恭的带领下，人们修建了玉河古道。古道周边文物古迹众多，古村、古道、古桥、寺庙，甚至还有古墓。龙泉镇的黑山公园就坐落着这样一处古树环绕的古墓。

黑山公园紧邻噶布喇墓地，噶布喇为索尼长子，因此其墓地又被当地人称之为索家坟。在古代，王公贵族可在其坟茔或家族墓周围栽植松柏，寄托对亡者的思念与生者的祝愿。虽然黑山公园内现存的12株古松已体现不出墓林的规格，但7株白皮松一列排开的景象依稀可见往日墓林的庞大。7株白皮松如同七个守卫黑山公园的骑士，绅士且优美，风度翩翩，青白交错的纹路彰显着勃勃生机。

1
黑山公园
古白皮松

▶ 门头口村古树分布示意图

① 窑神庙古槐 110109A00344
　其他古树
　门头口村村委会
① 窑神庙

本固枝荣，窑神庙前五护法
——门头口村古树

1 窑神庙古槐

门头口即为进入门头沟的沟口。门头口村有一座窑神庙，创建年代无考。据记载，这座窑神庙在清嘉庆、光绪年间均曾重修。旧时，庙中奉祀煤业祖师窑神，其泥塑彩色坐像高1.73米，身着文官装束，头戴官帽，身穿官服，衬衣呈赭黄色。虬髯戟张，面目凶猛。

与窑神相呼应的，则是庙外六位"护法"。它们均为古槐树，其中一级古树1株，位于庙门处，二级古树5株，围绕古庙排开。古树冠大荫浓，枝干虬结，即使树干上布满了岁月的印记，却依然坚韧不拔，坚守在庙前。它们是那样的挺拔，那样的硬朗，与古寺一同，成为了门头口村一道亮丽的风景。

▶ 天桥浮村古树分布示意图

● 天桥浮地堡群古槐 110109B00347
● 其他古树
❶ 马翰林故居
❷ 三义庙

背靠古槐，共卫家乡
——天桥浮村古树

天桥浮村原有聚落自然村名为拉拉湖，又称喇喇湖、啦啦湖。明《长安可游记》一书中称："湖在县东南十里，俗名流水壶，又名天桥浮。"天桥浮村位于圈门里最西边，下为官厅自然村、天桥浮自然村，北部有匣石窑自然村。玉河古道从村中穿过，往南通向潭柘寺，往北通向王平村。

天桥浮村有一处著名的碉堡群，位于村东口小山梁处，与过街楼相连，有碉堡、暗堡、地道、战壕，为1947年国民党208师5团驻守时所建。同年，北岳军分区独立团攻打天桥浮国民党军，以牵制敌军增援，历经近七个小时的浴血奋战，双方伤亡上百人。战斗结束，战士们挥泪埋葬牺牲烈士。1993年，在坟墓中间建立纪念碑，正面写着"革命烈士之墓"，背面写"天桥浮战斗中牺牲的烈士永垂不朽"。现碉堡群、战壕尚存。

天桥浮村中，有1株古老的槐树，有着100余年的树龄，与天桥浮地堡群遥遥相对。在天桥浮之战中，国民军进攻势力凶猛，战士们在村中奋力防守，这株古槐像是一把战士们的保护伞，为战士们挡住了枪林弹雨。它身上留下的弹洞，是峥嵘岁月的见证，它是不可被磨灭的印记，将永远被人民铭记。

1 天桥浮地堡群古槐

崇化庄（周自齐墓）古树分布示意图

❶ 古银杏 110109A00288
❷ 古银杏 110109B00290
　其他古树
❶ 崇化寺
❷ 周自齐墓

残垣藏遗志，来嗟古树春
——崇化庄（周自齐墓）古树

京西古道上坐落着一座古老的寺庙——崇化寺，当地人称崇化庄，现已无痕。崇化寺原为元代建立的清水禅寺，经过历史的变迁，时间的洗礼，于明朝毁于地震。20世纪中期，该寺庙变为残垣，仅剩数株古树，其中2株为银杏树，如今被列为一级古树。在清代，崇化寺的东侧修建了一座墓园，即周自齐墓。墓地设于松林掩映之处，于新中国成立前不幸被盗，所幸墓穴外还遗留古树数株。

两处遗迹共余古树13株。其中几株皂荚，平均年龄已超过150年；还有2株银杏都已超过300年，胸围超过400厘米，树高15米以上，长势良好；其余几株侧柏和油松年龄也都在100年以上。这些历经沧桑的古树，树干被岁月的苍穹刻出了一道道刀疤似的痕迹，腐朽的树枝见证了一路风雨，多少春夏秋冬的轮回，小树也就变成了古树。

一株株饱经风霜的古树伫立在遗迹之中，见证了古寺的兴衰。它们就这样继续守望在这里，谱写着古迹新的故事。

1 古银杏

大峪村古树分布示意图

① 西山艺境2号院古柏 110109B00311
② 西山艺境2号院古柏 110109B00312
③ 西山艺境2号院古柏 110109B00313
④ 西山艺境3号院古槐 110109B00308
⑤ 新桥路社区古槐 110109B00310
⑥ 新桥路社区古槐 110109B00302
○ 其他古树
✪ 大峪村村委会
① 西山艺境2号院
② 龙山家园5号院
③ 新桥家园6号院
④ 黑山公园

山水轮转，古树犹存
——大峪村古树

古老的大峪村在辽代就已形成。听村中的老人描述，大峪村曾叫做上峪，因为人为、环境等因素经历搬迁和扩建。清代，村人又引永定河的浑水淤地，土地面积扩大。随着京西古道的形成，大峪村作为古道的必经之地，商业得以加速发展，并成为门城地区较大的村庄。

大峪村的中心有一座寺庙——地藏庙，又叫地藏庵。庙宇建筑基本保持原来格局，院内有石碑三方，古井口的条石一块，院外大门口处只留下1株古槐树默默记载着这里发生的一切。寺庙虽然已经荒废，但古槐树仍旧默默守护在这里。村中像这样的古槐树共有26株，位于龙山家园内的1株古槐树树龄已有300余年，树高10米，胸围420厘米，平均冠幅6米。如今的大峪村已城镇化，在原有的基础上建起了多个小区、社区。这些古树散落在小区之中，依旧挺拔，在小区中继续守候着居民。

屋前古树春来早，枝繁叶茂风中摇。古树见证了一路风雨，多少春夏秋冬的轮回，依旧守候着，见证着村庄的发展。

1 新桥路社区古树

▶ 东辛房村古树分布示意图

- ❶ 古槐 110109B00338
- ❷ 古槐 110109B00339
- ① 西辛房村村委会
- ② 东辛房村村委会

古槐枳道旁，人烟辛房下
——东辛房村古树

位于京西古道旁有一座古老的小村落。明末清初时期，门头沟的采煤业开始发展，许多工人为了生计而来到这里开采煤矿，久而久之便在这里做起了买卖，又盖了房屋，使本是大河滩的地方，变成了小村落。明《宛署杂记》一书中记载为"新房"，意为新的房舍，后改为"辛房"。

村中有两位"耄耋老人"一直守望着村庄，那就是 2 株古槐树。1 株位于小学旧址内，已有 200 余年，树高约 8 米，胸围约 270 厘米，冠幅约 8 米；另 1 株位于东辛房街道路旁，树龄也近 300 年了。

这 2 株饱经风霜的古槐树，如今仍旧枝繁叶茂，屹立不倒，谱写着村庄新的故事。

1 古槐

▶ 瓜草地村古树分布示意图

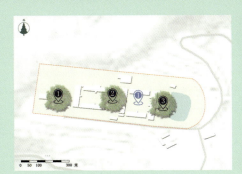

❶ 二级古槐 110109B00905
❷ 一级古槐 110109A00904
❸ 一级古银杏 110109A00903
❹ 琨樱谷山庄

鸭掌拨青波，瓜果迎金秋
——瓜草地村古树

在玉河古道东侧的大山里，隐藏着一个古朴的村落——瓜草地村。瓜草地位于北岭地区，明清时期已存在，顾名思义，村内盛产各种瓜果、蔬菜。

盛夏时节，瓜果飘香，在漫山遍野的绿树掩映中，星星点点的红樱桃点缀其中，绘出一幅色彩明丽的田园油彩画。而在多彩缤纷的山林间，最为醒目的则是生长于琨樱谷山庄内的3株古树，包括一级古树2株，二级古树1株，其中景色最为瑰丽的当属大门北侧的一级古银杏。古树枝叶繁茂，冠盖如伞，夏季伴着花香果香漾起阵阵碧波；秋季随着秋风袭来，摇曳着满枝金黄，迎接着远方的游人与丰收的喜悦。

1 一级古银杏

十里八桥古道古树

▶ 板桥村古树分布示意图

① 娘娘庙古楸树 110109B00920
② 娘娘庙古楸树 110109B00921
③ 娘娘庙古侧柏 110109B00922
④ 娘娘庙古油松 110109B00923
⑤ 娘娘庙古桑树 110109B00924
⑥ 板桥过街楼古槐 110109A00919
① 北港沟娘娘庙
② 北京市京西林场管理处
③ 板桥过街楼

娘娘庙前楸花簇，过街楼旁槐叶浓
——板桥村古树

据《宛署杂记》记载，在古道旁有一座历史悠久的村落，叫作板桥村。据说早在辽代，该地便已成村落。明代之时又建了过街楼，山石砌筑，门楼上建有关帝庙，北侧有山石台阶通往台城，东面有石砌影壁。此村地处煤矿采空区，村民已全部搬迁。过街门楼的北侧台阶旁有1株古槐，枝繁叶茂，长势良好，树龄400余年，树高约18米，胸围约430厘米，冠幅约17米，如同一位饱经风霜，经久不衰的士兵一样守卫着村庄和村民。

村北还有一座娘娘庙，庙内有1株古桑树，树龄已有200余年，树高约10米，胸围约188厘米，平均冠幅约16米。除了桑树外，娘娘庙的内外还各有1株古楸树，树龄都已超过100年。

1 板桥过街楼古槐

巨大的古树立在村落里，望着来往的人群，虽经风吹雨打，满布岁月冲刷的痕迹，但依然挺立着，虽然看来有些孤单，但是村民就是它的朋友，村落就是它的家。

▶ 千军台社区古树分布示意图

① 村内古槐 110109A00915
② 庄户老庙古槐 110109A00917
③ 庄户老庙古槐 110109A00918
  其他古树
★ 千军台社区居委会
✦ 庄户老庙

"双胎道童"殿边立，踽踽老树倚墙歇
——千军台社区古树

千军台社区原为千军台村，在城市化进程中更改为社区。千军台村早在辽代已经成村，距今已有1000多年的历史，但准确的年代至今难以考证。根据《北京市门头沟区地名志》记载："福定庄（大台）、桃园、千军台、庄户等村，宋朝以前就已建村。"北京社科院研究员尹钧科在《北京郊区村落发展史》书中提到，立于辽统和十年（992）的清水双林寺经幢上，就有"千军台、庄户村"村名。木城涧矿千军台坑北侧家属房附近有一王老庙遗址，又称王老庵、汪洛庵。根据《长安可游记》载"至千军台，四山空翠，欲湿衣裾，出谷二里许为王老庵"即此处。

在村内181号对面有1株一级古槐树，树龄已有500余年，树高约18米，胸围约535厘米，平均冠幅约19米。这株古槐树算得上是村中最年迈的老者，见证了村中一点一滴的变化。

出千军台向东走有一座老庙，庙内生长有一对"双胞胎"古槐。叫其"双胞胎"是因为2株古树同龄、同高，连胸围、冠幅也相差无几，且古树并排立于正殿左右，便如两位双胞胎道童，侍立两侧。

村庄历史悠久、古迹众多，但更为鲜活的则是村内的古树，吐故纳新，迎接着一代又一代新生命。

129
商旅大道篇

1
村内古槐

大台社区古树分布示意图

- 古槐 110109A01640
- 大台社区居委会

青青古伞下，道来矿业发
——大台社区古树

大台社区曾经为大台村，史称福定庄。《北京市门头沟区地名志》载："福定庄（大台）、桃园、千军台、庄户等村，宋朝以前就已建村。"可见历史悠久。大台村位于京西古道旁，村中有煤矿，便于往来运输与交易。也正是因为大台地区的煤矿业发达，使得京西古道上的车马频繁，日复一日，年复一年，可想当年的大台村是何等的繁荣热闹。

如今村中现存 1 株 300 余年高龄的古槐，位于大台社区 14 号，胸围约 410 厘米，平均冠幅约 11 米，虽然已有 300 多岁，属于高龄，但依旧枝繁叶茂，十分粗壮。

大台地区的煤矿产业繁荣虽已褪去，但京西的山水依旧可以给它带来生命的希望之光。古树如今已成了历史的承载者，人们看到古树的那一刻，好似穿越历史，了解村庄曾经的故事。

1 古槐

1

军沿古道古树

▶ 灵水村重点古树分布示意图

1. 灵芝柏 110109A00421
2. 帝王锥 110109A00422
3. 古银杏 110109A00423
4. 灵泉禅寺古槐 110109A00424
5. 南海龙王庙古槐 110109A00425
6. 戏台古槐 110109A00426
7. 柏抱桑 110109A00427
8. 柏抱榆 110109A00428
9. 古槐 110109A00419
10. 古槐 110109A00420
- 灵水村村委会
1. 灵泉禅寺遗址
2. 南海龙王庙
3. 戏台

苍虬育人杰
——灵水村古树

灵水村位于门头沟斋堂镇，周围被深山环抱，北控塞外，西携秦晋，东望京师，南眺冀野，是北京古驿道上的重要村落。村名由来相传有两个：一是由于村中多冷且甘的泉水，从"凌水""冷水"中音译而来；二是生病的人对着村中庙宇祈福后，饮下圣水（泉水）即可痊愈，这一说法在清代十分盛行，因此村子便更名"灵水"村。而由于村内举人辈出，又有"灵水举人村"的誉称。

灵水村是中国历史文化名村、中国传统村落，村内景致灵秀，奇特多变，被村民浓缩为"灵水八景"——东岭石人、西北莲花、南堂北眺、北山翠柏、柏抱桑榆、灵泉银杏、举人宅院、寺庙遗址。其中北山翠柏、柏抱桑榆、灵泉银杏、举人宅院、寺庙遗址均位于村内，囊括了村庄53株古树中景致最佳、

1 古槐

最具文化气质的10株古树，而这些古树恰好以一条完整的游线串联起了村内奇景。

游线从村庄入口开始，行至主路南端，便可见2株一级古槐。古槐立于"峰奇水秀"的影壁旁，宛如迎客。继续前行，至村

庄最北端，屹立在山坡上的是五道庙遗址以及1株千年侧柏，这便是"北山翠柏"。古柏树冠平展，枝杈横生，宛若一朵巨大的灵芝生长于山尖石缝之中，因此又有"灵芝柏"的美称。由灵芝柏向西南方走，会先后经过灵泉禅寺遗址与南海火龙王庙，其中灵泉禅寺有古槐1株、古银杏2株。2株银杏并称为"灵泉银杏"，其西侧的1株又名"帝王锥"，该树奇特之处是在雄树上嫁接了一雌枝，雌枝呈锥体，又名"树笋"，具有活性，相传等树笋长至地面之时便是灵水村出皇帝之时。传说虽不可信，但古树的科研价值不容小觑：将雌株嫁接到雄株上存活几百年长势依旧良好，即使以现在的技术也难以确保。沿灵泉禅寺遗址向南，便至南海火龙王庙。南海龙王庙内外共计古树4株，其中院外为2株一级古槐，院内为2株千年侧

2
古槐

3
灵芝柏

4
帝王锥

5
灵泉禅寺古槐

6
南海龙王庙古槐

7
戏台古槐

柏。2株古槐中，树龄较小的都已有300余年，较大的则已有千年，岁岁年年，陪伴着古村走过一个个春秋冬夏。行至庙内，就可看到游线中最后两处奇观——柏抱桑榆。此景为2株千年古柏，2株都是寄生树，1株上长有榆树，叫"柏抱榆"，另1株上有桑树叫"柏抱桑"，其中"柏抱桑"立于门内西侧，"柏抱榆"与其成掎角之势立于东北角。两树枝杈遒劲，倔强地向天空生长，经历着雨雪风霜，仍然吐露出青枝。

灵水村人杰地灵，英才辈出；钟灵毓秀，奇景不胜枚举；古色古韵，古树山庄层层叠

8 柏抱榆

9 柏抱桑

叠，粗犷中又显精致。在这座小小的村庄里，有太多值得去探究的人、事、物，等待着大家亲自去挖掘。

桑峪村古树分布示意图

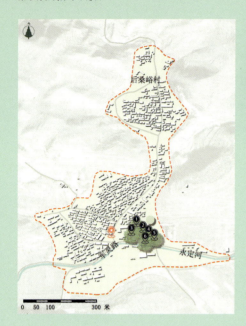

1. 一级古银杏 110109A00405
2. 北斗七星槐 110109B00406
3. 北斗七星槐 110109B00407
4. 北斗七星槐 110109B00408
5. 北斗七星槐 110109B00409
6. 北斗七星槐 110109B00410
   其他古树
   桑峪村村委会

斋堂千年古银杏，桑峪北斗七星槐
—— 桑峪村古树

斋堂镇桑峪村历史悠久，村落在元代已有记载，村落周围桑树成林，成为当地一大特色，所以村落便以桑树为名，名为桑峪村。桑峪村在明代时因信仰不同，分为前桑峪村和后桑峪村。

桑峪村村民活动中心院内有一处寺庙遗址，寺庙作为一种文化载体，在村落的发展中起到了不可替代的作用。此寺庙名为广济寺，又称三教寺，后改为药王庙。寺庙坐北朝南，历史上被数次翻修改建，但寺庙内古树却记载了庙内沧桑变迁，向人们展示着历史的兴衰。在寺门口外，有1株古银杏树，先有树还是先有村和寺，现在已经不得而知，但村和树仿佛是相互的映射，村中胡同的数量与树的分支居然相同，相传有人将胡同堵了一个，紧接着树权就掉了一根，叫人不禁

1 一级古银杏

2 北斗七星槐

浮想联翩。如今，银杏树依然枝繁叶茂，胸围约 415 厘米，高约 19 米，冠幅约 15 米。在寺外戏台空地上，有几株古槐树，古槐树外形奇特，树龄 200 余年。栽植时候共有 7 株，称为北斗七星槐，后因当地改造损毁 2 株，剩余 5 株到现在长势良好。寺内还有 1 株古柏，迄今为止古柏胸围约 421 厘米，高约 13 米，仍然屹立在庙前。

古村虽小，经历却颇丰，村落虽一分为二，但古树的存在却联系了古今，让特别的村落以特别的方式展示在当下，让人不禁感叹往事。

王家村（现属白虎头村）古树分布示意图

① 古槐 110109B00117
✹ 王家村村委会

咬定青山不放松，立根原在古村中
——王家村（现属白虎头村）古树

王家村位于京西古道斋堂至楼岭段白虎头村南侧，现归属白虎头村管辖。

一入王家村，1株古槐便惹人眼球。这株古槐为二级古树，树龄200余年，雄伟壮硕、冠大荫浓。让人感到惊奇的是，这株古树居然长在了石头缝隙里，从它开始生长起，就不断汲取着石缝里的养分，历经了数百年的岁月，终于长成了1株参天大树。石头缝隙中的古槐树，静静地生长着，经受着时光的洗礼，见证着时光的流逝，也使往来的游人不禁感动于生命的顽强，思索起生命的意义。

一切生之渴望、生之奋斗、生之抗争，都在这由这株古槐树演奏的命运交响曲中展现。正如郑板桥先生所写的那样："咬定青山不放松，立根原在破岩中。千磨万击还坚劲，任尔东西南北风。"

1
古槐

商旅大道篇

永定河河谷廊道古树

太子墓村古树分布示意图

1. 龙王庙古槐 110109A00210
2. 古槐 110109B00211
3. 古槐 110109B00212
★ 太子墓村村委会

岁岁年年村犹在，枝枝叶叶香满堂
——太子墓村古树

北京有一座古老的村庄——太子墓村。村中曾有三座寺庙，分别是老爷庙、龙王庙和娘娘庙，如今娘娘庙已不复存在，但其原址和龙王庙仍存有古树。

由村庄西侧进入，首先映入眼帘的便是龙王庙。庙宇如今只剩一间正屋保存完好，虽屋内无任何物品和图画，但院内生长有1株500余年高龄的古槐，其高大粗壮，树高有约17米、胸围有约388厘米；其冠大荫浓，冠幅约16米。站在古槐下，感受着阳光洒下来的斑驳光影，仿佛触摸到了流逝的时光。

如今村中的古庙虽已废弃，但古树仍在，它们已守护了古村数百年，并被寄予殷切的期盼，能够继续守护几百年。

1-2 龙王庙古槐

陇驾庄村古树分布示意图

① 北京京西酒店古白皮松 110109A01045
② 小前街古银杏 110109A00526
③ 小前街古银杏 110109A00527
　其他古树
　陇驾庄村村委会
　妙峰山镇政府

巨龙游走披金甲，陇驾庄内古树聚

——陇驾庄村古树

相传，陇驾庄村始建于明代洪武年间，距今年代久远。关于村名的由来，有这样一段趣事：曾有一位皇帝巡游西山，坐骑受惊，行至此处才拢住了座驾，故称"拢驾庄"，后依谐音，改称"陇驾庄"。

陇驾庄村不光村子的历史悠久，村中的古树也众多，现存的古树共72株，其中一级古树4株，二级古树68株，但说到最为壮观的，当属小前街的2株银杏与京西酒店内的白皮松了。小前街的2株银杏，均属于一级古树，树龄300余年，每到了秋天，古树身披金甲，秋风吹动金黄的叶片，宛若游龙舞动的金鳞，悍守着这座古村。而村庄的另一角——京西酒店，则生长着一条"银龙"，走近细看，原来是1株粗壮的古白皮松。古松为一级古树，树龄400余年，树高约20米，平均冠幅约12米，白色的树皮似银鳞，舒展的枝干似龙爪，斜拢着旁侧白墙灰瓦。

村庄一南一北的三条"巨龙"自古便守护着古村，而现在，新一代的村民也更加感恩古树的守护，自发对其爱护、关照。

1 北京京西酒店古白皮松

▶ 桃园村古树分布示意图

- ① 古槐 110109B00514
- ② 古槐 110109B00513
- ⊗ 桃园村村委会
- ① 关帝庙

桃园深处有槐香
——桃园村古树

桃园村在明代已成村，相传早年间，这里桃树满山，花红四野，落英坠入碧溪之中，漂到永定河里，青山碧溪红桃花，宛如一幅风景画，风景极为秀美，有农夫定居于此，后繁衍成村，名为"桃源"，后依谐音改称"桃园"。

桃园村有一座关帝庙，有纪念"桃园结义"的寓意，该庙坐北朝南，为一座独立的小院，内有正殿三间，东西厢房各两间，院外槐树环绕，布局严谨。院外古树为2株二级古槐，现均生长良好。古树挺拔高大，冠层浓密，树影婆娑，在庙宇红墙上投下斑斑点点，甚是好看。再抬头望去，树叶夹杂间露出天空碎片，或蔚蓝，或灰蓝，或阳光灿烂。

村中的古槐历经沧桑却仍长得雄伟壮丽，陪伴着、静望着村民们，坚韧不拔，屹立不

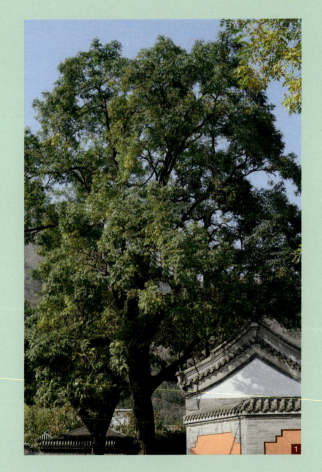

1 古槐

▶ 付家台村古树分布示意图

● 古槐 110109B00216
★ 付家台村村委会

古树冠下聚，老叟何蹒跚
——付家台村古树

雁翅村通往珍珠湖的永定河段的大山深处，有一如秘境般的村落——付家台村。黄岩沟、刘公沟和髽鬏山万木葱茏、泉水潺潺，构成了这座村庄的基本骨架。据《宛署杂记》（明）记载，髽鬏山还是西山之祖。

漫步在村内，可见古槐1株，树龄200余年，为二级古树，枝繁叶茂，承接着村中老年人欢聚畅谈、消磨时光的任务。村中历史气息浓厚，无论是村东的老爷庙，还是村西的龙王庙，亦或者龙王庙西坡下的古渡口，都是永定河河谷廊道繁荣历史的见证。

村外永定河水奔腾过点点青山，芦苇在风水激荡下晃出悠扬的旋律；村内庙宇古朴典雅，古槐亭亭如盖；目光所及之处，一草一木皆有灵气，共同绘就了这番春夏秋冬盛景。

1 古槐

1

河北村古树分布示意图

❶ 王爷坟古油松 110109A00107
❷ 王爷坟古油松 110109A00108
● 其他古树
★ 河北村村委会

古松何当凌云霄，直上云端数千尺
——河北村古树

沿着京西古道走至王平镇附近的一处缓坡台地，就来到了河北村。该村因建于河的北面而得名。背靠险峻的灰石山，脚下流淌着永定河。永定河自西北向东南呈左半包围式，是天然护城河。村庄水环山靠，气候宜人，种植着大量的杨、柳等林木，以及柿子、枣等果树。

河北村建村时间短暂，由看坟户发展而来，相传是来自河北涞源县的宗姓家族，为"清初礼烈亲王代善第七子、巽亲王满达海之曾孙——星海"守墓，而特地迁至此处。在《北京市门头沟村落文化志》里可得到印证。"星海墓"又被当地人称为"王爷坟"，据书中资料所记，是现存中少有的几座保存较为完好的坟墓。墓穴位于村北山上，曾两次被盗，现宝顶已完全下沉，后得益于国家

1 王爷坟古油松

保护而未造成更为严重的破坏。墓前有 2 株坚挺高大的古松长于宝顶之上作为祭拜指引。2 株油松一高一低，均为一级古树，树龄已有 400 余年，早于王爷坟的建造日期，不知是移植而来或是早就生长于此。较高的 1 株高约 12 米；较低 1 株高约 8 米。二者高低相对，于林木间鹤立，堪当守卫。站在树下抬头望，2 株油松笔直遒劲没入苍茫的云海间，远处树林早已换作供生计的果树，一时只觉往事如烟，盛衰各天意，飘如陌上尘。

▶ 雁翅村古树分布示意图

① 古侧柏 110109A00206
✪ 雁翅村村委会

永定河畔，绿色卫士
——雁翅村古树

1
古侧柏

雁翅村坐落在永定河北岸，雁翅镇政府东部10公里处。据说，在公元1296年的时候，这里就已经形成了一个村子，叫作"雁翅社"。该村位于交通要冲，是雁翅镇物资的集散地，也是火车站周围店铺的聚集点。村中原本有3株古树，1株古槐，1株古椿，还有1株古柏。据说当年两个成年人都难以合抱那棵古槐。"文化大革命"期间古槐和古椿被毁掉，现村中只剩下1株古柏，树龄已超300年，被定为一级古树，现位于酱菜场场内。它树高约12米，胸围约240厘米，冠幅约10米。这株古侧柏枝叶茂密、厚实，就像一把张开的绿绒大伞，风一吹，轻轻摇曳；它苍劲有力的树干挺立着，没有一点弯曲，像守护站岗的战士，给人一种亘古不变的静穆，幽绿苍青而伟丽。

古代军用大路及支路篇

5 条 古道线路

27 处 文化资源点

西奚古道古树
斋堂川清水河畔古道古树
天津关古道古树
小龙门古道古树
芹淤古道古树

西奚古道古树

▶ 大村古树分布示意图

❶ 娘娘庙古油松 110109B00248
❷ 娘娘庙古油松 110109A00249
❸ 娘娘庙古油松 110109A00246
❹ 娘娘庙古油松 110109B00247
✪ 大村村委会
❶ 娘娘庙

古松华盖筑长城
——大村古树

大村地处门头沟区"长峪沟"的小盆地中，往东为昌平区，往北则是张家口市怀来县，为三地交界处，地理位置得天独厚。村前是一条自昌平西口向西南方向的古道——西奚古道，曾在辽金时期有重要的军事作用，相传为古奚族西支人利用沿河城大裂缝地形修建而成，用于联络明代内长城内三关（居庸关、紫荆关、倒马关），也被称作古军道。村落历史可追溯至明以前，已有400多年的历史。《门头沟村落文化志》记载：大村形成于明或明以前，原名"长峪"村。后因村落在当地发展最好最大，故习惯称之"大村"。大村文化底蕴浓厚，村内外散落众多文物古迹，如北齐长城遗址、娘娘庙及戏台等寺庙遗址，都是研究京西地区古村落信仰与建筑的重要实料。村子前有杨家将，后有抗日小队，用自己的力量消灭敌军，守护自己的村庄。

1 娘娘庙古油松

村内现有4株古树，均为油松，长于娘娘庙中，是村中重点保护的树木，其中2株已有300余年，生长态势良好。还有2株二级古树，树龄200余年，树形整体略小于前2株。4株古树枝繁叶茂、遮天蔽日。村庄犹在，古树长存，村因树而愈发古朴，树因村子的经历也多了些坚韧不屈的意味。

房良村口兄弟槐
——房良村古树

房良村地处南城脚下，与昌平区相邻，村边矗立房良口界碑，历史上曾是京西长城防线的具体范例。村子的建立与明代山西大移民政策有关，据五道庙迁址碑刻考究，早在明代，王刘两姓移民于此，取名"逍遥村"；因临于长城隘口的军事重地"方良口"，故改为"方良村"；后规范为"房良村"。

谈起村庄的历史，不得不说起村委会门口的 2 株大槐树——"兄弟槐"。明初京畿由于战乱人烟稀少，外省百姓以"山西大槐树"为集散地，向京西地区搬迁。百姓多怀揣"大槐树"种子，秉持着"安家先种树"的理念，建村先种树，种下的树既是传统，也是对家的思念。现如今这 2 株古槐是北京市一级古树，已有 600 余年的历史。古树树干粗壮，枝条丛生，叶片层叠。除此之外，龙王庙内还有 5 株二级油松，树龄也有 200 余年，高大挺拔，与民国时重修的龙王庙共同围出一片庄严开阔的区域。

600 多年的春夏秋冬，枝条枯荣年复一年，抚摸古树的枝叶，仿佛看到从前，村民在树下喃喃自语，山风吹过，也带着婆娑响声将回家之音传向远方。

1-2 兄弟槐

沿河城村古树分布示意图

① 古槐 110109B00457
❋ 沿河城村村委会

沿河城西槐花香
——沿河城村古树

早在新石器时期，京西崇山峻岭的沿河城地区就有了人类活动的痕迹，至金代才正式建村，是京西古道中古军道的重要枢纽。村名几经修改，最初以地理形状命名为"三岔（汊）村"；在明代用于驻屯后改为"沿河口"；城墙建好后，更为"沿河城"村。村子身处大峡谷险峻之地，是塞外入京的要道之一，《沿河口修城记》《重修真武庙序》的碑文及《顺天府志》（清）中都详细描述该地在军事上的重要地位。如今所看到的环村庄的严密防御工程——城池，是在名将戚继光的带领下，为防止贼兵突袭，御敌于国门外，于险峻的山坡上加修的一段阻塞人马前行的"边墙"，这也成为内长城链条上的一个附属设施。

从城池外走进村中，可以看到各朝历史

1 古槐

遗迹存有不少，唐朝的柏山寺遗址、明代建城时就存在的真武庙、立有《沿河口修城记》碑的圣人庙、位于臧家坟沟口的红龙庙，以及老君堂外遗留的古树等，无一不彰显着村子的时代久远和底蕴丰厚。

沿河城是一个革命老区。城中原有好几株古树，却在战争时被砍毁，现仅幸存1株古树，树种为槐树，生长在村西南处，与古戏台遥相呼应，台上、树下几百年的风云变化皆在此上演。每每于树下谈起这段历史，便油然而生一腔爱国情怀，耳边传来树叶沙沙的声音，似是古槐在兴奋地讲述当年敌军被打得四散奔逃的失败模样。村内的古槐俨然成为一段历史标志，记录着古今抗敌的光荣岁月。

洪水口村古树分布示意图

- 乔家沟古桑树 110109B00058
- 其他古树
- 洪水口村村委会

灵山有古树，把酒话桑麻
——洪水口村古树

洪水口村地处灵山脚下，是塞外入京的要道之一，素有"灵山门户"之称，向来是兵家必争之地。从明朝景泰元年（1450年）开始，到万历三年（1576年）结束，历时一个多世纪，在此处修筑排号为沿字12、13、14号的敌台，其中14号仅剩遗址，沿字12、13号保存较为完整，是珍贵的历史文物。

作为北京城内海拔最高的村庄，洪水口村景色秀丽无比，森林茂密，村庄及周边山坡上还有3株古树扎根，村内外一片绿茵笼罩。说起这3株树，均为二级古树，分别为1株桑树、2株油松。其中，位于乔家沟的古桑树历经近200年的风吹日晒，日益蓬勃。树虽不高，仅约9米，但枝干粗壮，根深蒂固，冠幅约13米之大，胸围约220厘米之粗，处处透露出生机。

1 乔家沟古桑树

开轩面场圃，把酒话桑麻。晚霞、山间、炊烟、桑下谈笑，绘出洪水口村美丽的生活画卷。

燕家台村古树分布示意图

- 古油松 110109A00040
- 其他古树
- 燕家台村村委会

燕家义士，卫我京西
——燕家台村古树

燕家台村坐落于门头沟清水镇的深山之中，坐北朝南，身后一段古长城蜿蜒而过。有着得天独厚的地理条件，附近有诸多奇观，如因古松茂盛而得名的"松树坨"，村北坡上兵家必争之地的"老坡口子"以及过去官家用于驻兵操练的"官山"。

燕家台尚存许多历史遗迹，如供奉大肚弥勒佛的佛殿，是一座修于郁郁葱葱的柏树林间的石窟；也有大大小小、规制不同的龙王庙，为旱天祈求甘霖所用；还有祭拜关公的武庙——"老爷庙"，现在作为村里学校。值得一提的是，村中共有2株一级古树，几乎为同一时期种下，1株核桃，1株油松。其中油松位于老爷庙内，为一级古树，已有300余年。古松扎根于老爷庙内，受环境影响，枝干交错，似忠义之士坚守庙宇。

1 古油松

燕家台村坐落于深山之中，与村里的古树、寺庙遗迹一同展露在大众眼中，等待人们去探寻其中的故事。

斋堂川清水河畔古道古树

碣石村古树分布示意图

我有定村槐，苍苍跨古今
——碣石村古树

在门头沟险峻的山沟之间坐落着一个被誉为"国家级传统村落"的村子，是京西古道上一处保存完整的古村落。村子原名"三叉村"，始建于明代声名显赫的高、何、于三大姓氏；后因村前横卧许多石头，故从"立石为碑、卧石为碣"中取名"碣石"为村名。村子还被誉为长寿村，据说与平时饮用的井水有关，这些风格各异的古水井交错密布在各处，共72口，每一口井都有着属于自己的独特传说，因此被赋予"京西井养第一村"的称号。

碣石村不仅有奇特古井，还有参天古树。该村现存一级古槐2株，一级侧柏1株，二级油松8株，二级侧柏1株。最值得一看的当属2株一级槐树，均已有500余年高龄，1株被称为"定村槐"，两树间有三条青砖花

1 定村槐
2 古槐

瓦幽静的街道，相传是仙家的住所，保佑全村。村里人因此尤为爱惜，古槐也愈发繁茂，与鸟儿的啼鸣共同组成村中一景。除此之外，碣石村还有著名的八景：古井风韵、水湖深潭等，等待人们去游览。

正因这些古色古韵的事物和生活气息，碣石村于2007年被列入门头沟区第五批区级文物保护单位。古树苍翠，古井神秘，古院雅致，古色秀丽，交织在一起构成碣石村迷人的景致。

▶ 青白口村古树分布示意图

① 红军游击队旧址古槐 110109A00213
○ 其他古树
✪ 青白口村村委会
① 朱德委派红军游击支队旧址
② 红色旅游接待处

浓荫似盖蔽青空，苍劲虬枝蕴军风

——青白口村古树

清水河清，永定河浊，两河相汇之处青白分明，村庄便由此得名。独特的地理条件在此处孕育了"史前文化""地质文化"以及独特的"抗战文化"。

曾经的那个黎明，当第一缕曙光升起，抗战部队穿过村口的中心街，在2株古槐的注视下出发了，微风吹过古树发出呼呼的声音，是2株古树在为战士们送上它们的祝福，盼望战士们早日凯旋。在主路东北角的一处院落内，还有1株古槐在此默默地撑起一片阴凉，虽无言，但情在。青白口村的3株古树寄托了村民太多的情感，一直在以自己的方式守护着村民，记录着村民的点点滴滴，其中1株年纪最大古槐树龄已经有500余年，树高约20米，胸围约500厘米，冠幅约21米。其余2株树龄也有200余年，位于中心街的1株树高约15米，胸围约350厘米，冠幅约15米。3株古树已然成为了年纪最大的"村民"，为它们的后辈讲述着数不完的故事。

黄昏，老人在树下乘凉，古树似乎看到了远处得胜归来的战士，微风中又多了几分欢快的声音。

1
红军
游击队
旧址古槐

▶ 东胡林村古树分布示意图

● 思乡树 110109A00402
● 其他古树
★ 东胡林村村委会

青枝碧叶夏时昌，满树花开似雪妆
——东胡林村古树

东胡林村有着悠久的历史，在万年之前就有"东胡林人"在此处繁衍生息。在辽统和十年形成村落名为胡家林村，在明代时分为东西两村，清时又称"东护驾林村"，现名为"东胡林村"。

在村中有 1 株约 13 米高，胸围约 700 厘米，冠幅约 16 米的古槐树。相传明朝万历年间，有一位村民因为思念故乡，便在此处种下了 7 株槐树，5 株柏树，12 株树在村民的悉心照顾下枝繁叶茂，炎炎夏日，几株大树总会为村民撑起一片阴凉。但在 1940 年，日军侵略到了此处，烧杀抢掠无恶不作，连树木都不放过，陪伴村民数百年的 12 株参天大树只剩了 1 株古槐。这株古槐树如今已经得到了重点保护，村民亲切地称它为"思乡树"。古槐虽幸存下来，但是身上却留下了巨大的黑洞，满目疮痍的外表无时无刻不在提醒人们不能忘记侵华日军犯下的种种暴行。

古槐意义非凡，它用身躯铭记了历史。在古树的影响下，人们必将披荆斩棘，不畏艰险，共同谱写属于自己光明的未来。

1 思乡树

▶ 东斋堂村、西斋堂村古树分布示意图

① 斋堂中学古槐 110109A00141
② 斋堂中心小学古槐 110109A00142
● 其他古树
❶ 东斋堂村村委会
❷ 西斋堂村村委会
① 斋堂中学
② 斋堂中心小学

百年斋堂英雄地，光辉荣耀古槐见
——东斋堂村古树

斋堂村在辽代时已经形成固定的村落；唐代贞观年间，村北兴建了一处寺庙名为灵岳寺，初建成时香火络绎不绝，故名斋堂；明代时村落逐渐发展扩建，分为东西斋堂两村；景泰年间，因此处特殊的地理环境，战略位置较为重要，所以人们在此处大兴土木，将此地建为了斋堂城，城大致为方形，长宽各500米；到了清嘉庆年间，此处发生了严重的洪涝灾害，南城门、城墙以及大量的街道被冲毁；抗日战争时期，西城门被日军拆毁，城内也遭受了严重的破坏，如今只剩东城墙与东城门幸存，直到1981年被定为文物保护单位，承载数百年的历史得到了有效的保护。

抗日战争时期，此地涌现出了众多抗战英雄，包括当地地方政府官员和百姓，都投

1 斋堂中学古槐

入到了保家卫国的战争中，与战士们一起浴血奋战。他们坚贞不屈，抛头颅、洒热血的英雄气概和光辉形象值得我们每一个人学习和传承，是中华民族永远的骄傲和自豪。抗战胜利后，宛平县人民为抗战英雄建立了一座纪念碑，选址便在今斋堂中学内，石碑旁傲然挺立着1株槐树，树冠圆润宽大，宛如古代的"万民伞"，为烈士们遮风挡雨。而另外3株散落在村庄内的古树，也一同见证着烈士们顽强抗争的历史。4株古树宛如此地的守护神，见证历史，承载历史，传承历史，古树已然成为当地以及村民不可分割的一部分。

古树如今作为一种精神的延续，向我们展示了伟大的抗战精神，并且会将这种精神一直传承下去，鞭策后人踏上新征程。

旧时古庙新学堂，百年老槐难有双
——西斋堂村古树

- ❶ 斋堂中学古槐 110109A00141
- ❷ 斋堂中心小学古槐 110109A00142
- ○ 其他古树
- ❶ 东斋堂村村委会
- ❷ 西斋堂村村委会
- ❶ 斋堂中学
- ❷ 斋堂中心小学

东斋堂村、西斋堂村古树分布示意图

2 斋堂中心小学古槐

西斋堂村至今约有千年的历史，在辽代统和十年就有"斋堂"之名。村北侧有一处寺庙名为灵岳寺，香客朝拜时此地为食宿之所，由此得名。后随着村落的发展，分为东西两村，此处在西侧故名为西斋堂村。

据记载，村内原有天仙庙、老爷庙等多个大小规模不一的寺庙，但随着时间流逝都已消失在历史长河中，有的改建为民房，有的建为小学。现今斋堂小学已不知是哪所寺庙改建，但小学院内还保存着1株树龄500余年的古槐树，古槐枝繁叶茂，高20米，胸径达600厘米，冠幅20米，原来此处的寺庙是哪一个，或许只有这株古槐还记得。

古代军用大路及支路篇

▶ 新兴村古树分布示意图

- ① 灵岳寺古槐 110109A00122
- 其他古树
- 新兴村民委员会
- 灵岳寺

新兴村位于斋堂镇东北方向约 1 公里处，村东紧邻斋堂川清水河畔古道、灵桂川古道等京西古道。村庄沿古道往北走大约 3 公里有一座寺庙，名为灵岳寺，在唐朝贞观年间便已建成，至今仍保存完整。

与古庙相伴的共有 4 株古树，最重要的 1 株当属位于灵岳寺门口的古槐，古槐至今已有 300 余年的历史，高约 20 米，胸围约 320 厘米，冠幅约 13 米。树虽年长，但仍然枝繁叶茂，无丝毫颓败之相，且一年比一年苍翠挺拔。每到开花的季节，空气中便弥散着槐花醉人的芬芳。除古槐外，在寺庙内还有 3 株与古槐同龄的油松，均为一级古树，胸围也都达 200 厘米以上。它们四季常绿，仪态端庄。

古树生长于寺庙内外，仿佛一个个"守

1 灵岳寺古槐

172
京西古树寻迹

古道汇聚处,百年古木来

——新兴村古树

庙人",记录着寺庙数百年来的兴衰历史。到现在,人们已经将古树与古寺看作一体,互为表里。

此外,村内还分布有槐树5株、侧柏2株、油松1株,古树资源非常丰富。

火村古树分布示意图

- 村内一级古槐 110109B00147
- 其他古树
- 火村村委会

火村遍地村民聚，槐香浸满玉冰壶
—— 火村古树

火村历史悠久，古时此地有着重要的战略位置，是向京内运送烧柴的重要渡口，村前曾有著名的马口、柴口。古时原名为火钻村，但因地理条件的原因此处极为干旱缺水，村名逐渐演变为火村。

火村村落虽不大，但古树却不少。其中的1株古树已有500余年历史，树高约12米，胸围约370厘米，冠幅约13米。同在村中还有1株200余年的古槐树，树高约11米，胸围约267厘米，冠幅约10米。在村民的院内，还有1株古槐静静地守候在院子中，树高约10米，胸围约200厘米，冠幅约11米，宅基地主人也对这株在院子中的这古槐树悉心照顾，将它看作福星。在村南侧也有1株古槐，高约11米，胸围达到了惊人的486厘米左右，冠幅约10米。4株古槐虽在村中零散分布，但从另一个角度来说古树又将村民聚集到了此地。

1 村内一级古槐

马栏村古树分布示意图

● 村内一级古槐 110109A00130
● 其他古树
★ 马栏村村委会

一棚古伞遮天地
——马栏村古树

马栏村地理条件得天独厚，有着丰富的植物资源，四季有景的同时，山也很有特色。

此处"世外桃源"早在古时就已经非常出名。马栏村是古时人们去百花山瑞云寺上香时的必经之地，香道虽四条，但都必经此处。相传康熙带兵路过此地，遇到1株大柏树，于是在树下休息，不知不觉间就睡着了，醒来时发现除这株树下，其余地方都淋了雨，遂封这株柏树为"一棚伞"，从此这株大柏树便名扬四方，百姓亲切地称为"万民伞"。古树至今虽500年有余，但仍枝繁叶茂，郁郁葱葱。

村内村外，不止奇观一处。在村内路旁，1株20米高的古槐赫然挺立，树干笔直，冠幅同高；村外的坡上，还有1株200余年的油松，高约11米，胸围约130厘米，冠幅约10米。

虽然只有古柏流传下来了自己的故事，但其他古树肯定也有属于自己的故事，只是"害羞"与人分享罢了，也许将来的某天，它们就会将自己的故事讲给后人听。

1 村内一级古槐

▶ 杜家庄村古树分布示意图

● 古槐 110109B00078
● 其他古树
★ 杜家庄村村委会

寺隐槐现，古树成林
——杜家庄村古树

杜家庄村历史悠久，根据碑刻记载，在辽代就已成村，最早的居民为杜姓，所以该村以杜姓冠名。

村西部原有一处寺庙名为龙泉寺，寺中东西排列两座正殿，东部属关老爷庙，西部属龙王庙。庙中有槐树和柏树各1株，但随着历史车轮的转动，这些都消失在历史长河中了，唯一保存的只有从村中通往此处的一条古道以及道旁坡上的1株古槐。古树至今已经有200余年的历史，树高约18米，胸围约275厘米，冠幅约10米，现在也许只有它还记得古道上人们进香时络绎不绝的身影。村后街也有1株与它年龄相仿的古槐，树高约16米，胸围约412厘米，冠幅约25米，与前者相比，它的身材略显"肥胖"，憨厚的身影下是村内一代代孩童的乐

古槐

园。此外，村内还分布有5株树龄100余年的槐树，不知是何人所植，只能从其有序的排列中窥见村庄旧日的繁华。

古树历经百年，早已成为了村民的一分子，它们见证了村庄、古道与寺庙的点滴历史，为我们讲述了一个又一个栩栩如生的故事。

▶ 李家庄村古树分布示意图

● 药王庙古油松 110109B00039
● 其他古树
★ 李家庄村村委会
✡ 药王庙

药王盛会，松影百年
——李家庄村古树

李家庄约在明代就已形成了固定的村落，村中有一处寺庙名为杏林寺，村民亲切地称它为"药王庙"。

药王庙建成时间与村庄的形成时间基本一致，至今仍然香火不断，且寺庙每年阴历四月二十八会举办为时3天的庙会，来往的村民络绎不绝，热闹异常。每每在入庙时，往来的人群都会被门口的1株高大的古松吸引。这株古松苍翠挺拔、四季常绿，已经在寺庙门口守护了200余年。古树高约10米，胸围约135厘米，冠幅约10米，主干笔直，枝干略弯，庄重沉稳地注视着过往的人们。

寺庙还在延续着香火，古松也会陪伴着村民继续踏上美好生活的新征程。

1 药王庙古油松

▶ 齐家庄村古树分布示意图

● 齐家庄古树群
○ 齐家庄村村委会

古树避让蔚然成风
——齐家庄村古树

1 齐家庄古树群

齐家庄村位于张家庄西北方向约15公里处，地处斋堂川清水河畔古道沿线。村内古树众多，除了远处山坡上的17株古树，村民还在村庄北端的陡坡上发现了一处古柏群。

说到古柏群的发现，也是颇为巧合。起初，109国道在齐家庄段需平整村庄北侧山林修建，但在实地考察时，建设方收到村民反馈，在该地发现了一处具有61株粗壮树体的侧柏群。经古树保护领域专家确认，其中37株达到了古树标准，一级古树更是多达9株。经过多方探讨，109国道线路确定为古树"让路"，改为地下隧道。

经过各方力量的大力保护，这处古柏群愈发苍翠，生机勃发。但古树地处陡坡，生长隐患也不可忽视。因此，为践行古树保护新理念、新技术，园林主管部门确定对古树及其生长环境进行整体保护，固土培根，育树养林。

▶ 上达么村古树分布示意图

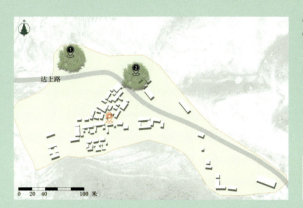

- ❶ 古侧柏 110109B00042
- ❷ 古榆树 110109B00043
- ★ 上达么村村委会

禅意山水，古树新生
——上达么村古树

清水村为古代交通枢纽，成村于辽代以前。20世纪40年代，日本人烧杀抢掠，村民不得不到位于清水镇东南端的上达么村避难，上达么村由此而来。村上边原有一个龙王庙，庙前有一段影壁，上书"上达摩村"，今人将"上达摩"简化为"上达么"，这是至今上达么村保留最早的村名标志。

这里还有一个美丽的传说，禅宗达摩的弟子云游至此，庇护着一方的净土，因而有了达摩岭、达摩山。上达么村原以生产煤炭为主，但也以极为美丽的自然景色著称。古村虽小，却有着悠久的历史，有着青葱古树，有着勤劳的村民。这里山峰嵯峨，幽壑万丈，生长的大量苍松、油松、落叶松和翠柏等植被。在上达么东坡有1株树龄100余年的古柏树，树高约8米，胸围约200厘米，冠幅

1 古榆树

约8米。古柏树冠如云，好像一座大山平地而起，遮天蔽日。其东侧还有1株200余年的古榆树，与古柏共同见证了百年历史沧桑岁月，依然伟岸挺拔，为村民们带来一片绿色的阴凉。

▶ 上清水村古树分布示意图

- 南台古侧柏 110109A00022
- 其他古树
- ❶ 双林寺
- ❷ 清水中学
- ✛ 上清水村村委会

古树风韵，山村画卷
——上清水村古树

清水镇上清水村位于北京西郊门头沟区西端，是一个从诗中走出来一般的村落，风景多姿多彩而又变化多样。走在乡间的小路之上，古香古韵中又不失蓬勃朝气，百姓的生活安详而又温馨。

历史悠久的上清水村拥有4株古树，都已有数百年的历史。最为著名的是南台的侧柏，为一级古树，有500余年的树龄，树高约12米，胸围约700厘米，冠幅约15米。另有2株树龄为200余年的古槐分别长在村民家中和民居门前，长势良好。在原镇政府还有1株有着100余年树龄的油松。它树干粗壮，树冠茂密，树皮粗糙，树根盘曲，给人一种古老而庄严的感觉。这些古树不仅是上清水村的一道独特的风景线，更是这里的历史见证者。见证了上清水村的历史变迁，也见证了这里人民的辛勤劳动和智慧创造。

上清水村地势结构以山区为主，山峦起伏，层峦叠翠，推开房门，面朝大山。努力耕作的人民和庄严的古树，共同构成了一幅静谧而又充满生机的画面。

1 南台古侧柏

1

天津关古道古树

▶ 黄岭西村古树分布示意图

● 古槐 110109A00150
★ 黄岭西村村委会

木兰无树，古槐千年
——黄岭西村古树

黄岭西村因地处黄岭之西而得名，是一个始建于明代的古村。清代，因临近交通便捷的京西古道，黄岭西村一度成为商业繁荣的商品交易地之一，加之村子出产煤炭，村子处于稳定发展时期，规模不断扩大。清宣统元年（1909年），京张铁路开通后，外地与北京的交通往来不再依赖京西古道，因此古道商业逐渐没落，黄岭西村转而成为农业村。

黄岭西村曾有1株木兰树，学名栾树。据说该树是华北地区见到的最大的栾树，堪称"木兰之王"，可惜现已不存在。不过幸运的是，黄岭西村的2株古槐仍旧存在，皆为一级古树。较高的那株树龄约为350年，高度约15米，胸径约328厘米，冠幅约20米。这株槐树粗壮高大，叶子碧绿且茂盛，远观像一片绿色的云，树枝像宝剑一样直插云霄。

1 古槐

每逢槐树开花时，串串的槐花如同千万只银蝶漫舞，又似亿万朵雪花轻飞，缕缕幽香扑面而来。

古树，见证了古村的变迁，记录了古村悠远的故事。

▶ 双石头村古树分布示意图

- 古侧柏 110109B00148
- 双石头村村委会

古柏石上生
——双石头村古树

斋堂镇的一处僻静山沟之上、沟涧两边，有一座建于石头之上的村落，即双石头村。它北邻爨底下，西接黄岭西，南与青龙涧相接，东靠蔡家岭，因两处宅院建于巨石之上而得名。双石头村煤矿资源优质，古时以煤业为主，故村口有一条古道通过，该道既是古军道也是古商道，连接门头沟斋堂镇与怀来麻黄峪，在新中国成立之前曾是通往口外之通衢要路。

双石村古村落面貌保留完好，鲜少受外来影响。因此有代表村庄特色的、在建村时留下的巨石，还有记载明代一明和尚出资买地修路碑刻的关帝庙等。而在这座关帝庙中，还藏着村里唯一的1株二级古树，该树为侧柏，树龄200余年，树高约11米，胸围约175厘米，冠幅约10米。树体倾斜于坡边却屹立不倒，令人惊叹。

走在村里的石板路上，看着高低错落的石头院落，不由地感叹村民的勤劳和手艺精湛，连带着从碎石里钻出的树也有了几分石头般坚硬、安定的意味。

1
古侧柏

小龙门古道古树

▶ 双塘涧村古树分布示意图

● 内街古槐 110109B00100
✛ 双塘涧村村委会

古树映村长
——双塘涧村古树

双塘涧建村年月不可确考。但因在光绪初年，王金度编写的《齐家司志略》中初次出现相关记述："……西涧诸村：曰杜家庄、曰张家庄、曰齐家庄、曰双塘涧、曰洪水口、曰小龙门……"或可推测其建村历史最晚为光绪初年。而因村内古树年龄200余年，可推测该地在光绪帝登基前可能存在聚落，至光绪年间发展成村。这也是以古树反推村庄历史的一次尝试。

位于古街的古槐树为二级古树，树龄已有200余年，树高约12米，胸径约216厘米，冠幅约12米。远远看去，古槐高耸入云，枝繁叶茂，根深蒂固。它的枝干似乎能够穿透天空，与蓝天白云相映成趣。其枝干纹理层次分明，让人不禁为之惊叹，长卵形的叶片，摸起来充满了生命力。在日光下，

1 内街古槐

老树的颜色也会给人不同的感受。

春夏秋冬，四季更替，古槐承载着无数个季节的更替，见证了时光的流转。它不仅仅是历史留下的见证，更是留给双塘涧村的宝贵财富。

▶ 江水河村古树分布示意图

● 古云杉 110109B00096
● 古落叶松 110109B00097
● 其他古树
● 江水河村村委会

京西藏地，古树宝地
——江水河村古树

1 古云杉

江水河处于原始次生林带，土壤为山地棕壤和草甸棕壤，沟谷底有少量山地褐土，重峦叠嶂，形成了"一烟二洼五坡"的美景。独特的小气候孕育了粗壮的古树。村中现存古树 11 株，其中云杉 1 株、油松 6 株、落叶松 4 株。其中 1 株古落叶松位于村东南 127 米，树龄 200 余年，树高约 16 米，胸围约 158 厘米，冠幅约 10 米。古松枝干高耸，直上青天，迥然超出众木。而唯一的 1 株古云杉，也有 100 余年的树龄，在古村的映衬下，显得格外幽绿、苍青、伟丽，有一种亘古不变的静穆之感。云杉除了具有净化空气的能力，还具有解毒消炎、止咳化痰等医用价值。

江水河村是一个具有较高景观价值和厚重文化积淀的古村，拥有丰富的植被及古树资源，独具风采。

▶ 小龙门村古树分布示意图

- 关帝庙古油松 110109A00102
- 小龙门村村委会
- 其他古树
- 关帝庙

古松守要塞，古道绕龙门
——小龙门村古树

明洪武三年（1370年）冬，都督同知兼燕王左相淮安侯华云龙提出北平城防御计划。他强调：王平口至官坐岭，隘口九，相去百余里，宜设兵防蒙古军自西北山区袭北平腹地。后各隘口设兵把守到景泰二年（1451年），又在沿河口设守备驻守要塞，辖石港口、东小龙门口、天津关、洪水口、黎元岭口等17处隘口。至此小龙门正式作为要塞设兵把守，成为军户村。除此之外，该村还是"京西核桃第一村"，以及"清水豆腐"的产地。

小龙门村中尚存2株古油松，树龄均为300余年，属于一级古树。位于小龙门古庙的油松树高约12米，胸径约226厘米，冠幅约6米。另1株油松位于小龙门西山坡，树高约17米，胸围约226厘米，冠幅约8米。2株古油松静静伫立在村中，虬曲盘旋，

1 关帝庙古油松

苍翠挺拔，树形开展，颇有气势。这2株古树数百年来，守护着脚下的小龙门村。在古油松底下聊天讲故事的场景更是一代代村民心灵深处最温馨的记忆、最难以割舍的乡愁。逢年过节，不少在外务工的乡贤回家时也会来四季常绿、散发阵阵松香的古树下叙叙旧。

芹淤古道古树

▶ 田庄村古树分布示意图

① 青茶山娘娘庙古油松 110109A00239
② 青茶山娘娘庙古油松 110109B00238
③ 青茶山娘娘庙古油松 110109B00237
④ 青茶山娘娘庙黄连木 110109B00901
　其他古树
✦ 田庄村村委会
❶ 青茶山娘娘庙
❷ 紫荆寺

古树立村，松柏相望
——田庄村古树

田庄村周边都栽植着松柏树，尤其村北后洼王家坟、崔家坟松柏连片，村前南洼坨植被茂盛，春天百花盛开，夏季树木葱郁；南山沟有一条泉水流入村中，小溪穿村而过，从村东流向村西，山、水、树与村庄相互映衬，形成一派悠然之景。

据明《宛署杂记》记载，隋时这里住有田真、田广、田庆三兄弟，曾分家并"议分紫荆（树）"，岂料树竟一夜枯死，而弟兄复合树亦复活，故三人在紫荆树处建紫荆寺。寺内今存1株油松和1株侧柏，均为二级古树。

不同于紫荆寺的人迹罕至，在其东北处有一座香火旺盛的寺庙，名青茶山娘娘庙，农历四月初一举办庙会的传统保留至今，每每人流如织。庙内现有古油松3株、黄连木1株。相传青茶山娘娘庙的得名便是因庙前西侧这株古茶树，茶树是百姓常说的俗名，其中文学名是黄连木。古黄连木是门头沟乃至北京市的稀有古树树种，具有较高的生物科学价值。此外，娘娘庙还有3株观赏性较好的古油松，其中1株一级古松树龄已达300余年，树高约12米，胸围约283厘米，冠幅约16米。其外形苍劲挺拔，枝繁叶茂，郁郁葱葱，树形如伞遮天。岁月长河里的风雨故事都被这株古树记载在粗壮的主干上，印证着百年历史、岁月沧桑。与娘娘庙建筑互为映衬，更显古朴气息。

这些古树在大自然中经历百年风霜，仍傲立于村中，静静地守护着、传承着古老的文明。

1
青茶山
娘娘庙
古油松

松树村古树分布示意图

① 古槐 110109A00242
⊕ 松树村村委会

松树村内槐花香
——松树村古树

1 古槐

松树村位于北京门头沟区雁翅镇，相传与北侧的高台村本是一个村子，住着高姓一大家人，后来分了家，一支住在高台，一支住在松树，渐渐也就形成了村落。又因山坡上有两片小松林，故而得名。但村庄现存的古树不是松树，而是1株槐树。

槐树位于松树村后街12号，树龄600余年，为一级古树，树高约15米，胸围约404厘米，冠幅约18米。这株百年古槐经过几十代人精心呵护，根深木茂，挺拔参天，它像撑开的巨伞，在炎热的夏天为村民遮住火热的阳光，洒下一片绿荫。每当微风拂过，树枝摇曳，树叶发出"沙沙"的响声，那是古槐在和村民喃喃细语，诉说着百年以来松树村的变化。

这株古槐记录了大自然的历史变迁，传承了松树村的历史文化，孕育了自然绝美的生态奇观，也承载了村民的乡愁情思。

▶ 苇子水村古树分布示意图

① 玻璃石嘴 110109A00230
② 龙王庙古槐 110109A00229
● 其他古树
★ 苇子水村村委会

古槐定村,古柏护村
——苇子水村古树

苇子水村建村年代不详,根据《北京门头沟村落文化志》介绍,村庄或始建于明代。村庄的名称来源于有趣的谐音:村庄建村时有一条水沟,沟内芦苇丛生,茂盛时下方能滋出水来,便称村子为"苇滋水";时移世易,水沟与芦苇丛已无存,村名也在口口相传中变为了"苇子水"。

古村的名称是否这样变化而来,已无从可考,或许村内的6株古树能为大家解答——苇子水现有一级古树、二级古树各3株,其中最老的1株树龄1000余年,生长在龙王庙内,树种为槐树;其余2株一级古树也已有500余年,其一也是槐树。据《北京门头沟村落文化志》介绍,苇子水村内居民为山西移民,定居此地时播种下了1株槐树种子。那么当年或许有这样一个场景:在

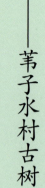

1 龙王庙古槐

500多年以前,山西移民行至此处,看到一座庄严肃穆的龙王庙,庙内1株参天古槐正在蓬勃生长,以槐为根的山西移民们顿时思乡心切,又观周围依山傍水,是地理绝佳之处,便决定安居于此,为纪念远方的故乡,便播种下了1株槐树种子。如今,村内的2株古槐相依相伴,分立于村庄两端,默默地陪伴着一代又一代的村民。

历史悠久的古村总是有许多的故事,俯视村庄,可以清晰地看到连成一条直线的4株古树,这便是村民所说的"护村四古柏"。古柏的树龄最老为500余年,最年轻的也有100余年,是特意还是偶然栽植已难以考据,但这样有趣的巧合又为古村蒙上了一层神秘的面纱,等待后人来探寻。

▶ 淤白村古树分布示意图

● 龙王庙古油松 110109B00243
● 其他古树
★ 淤白村村委会

心手相连"找朋友"
——淤白村古树

淤白村位于京西古道古军道之一——芹淤古道的终点，元代成村，原为上下两村，上村位于白瀑岭，以辽金古刹白瀑寺为名；下村位于山脚下，称为淤泥坑；后因村落不断发展壮大，合二为一，并于抗战时期改名为淤白村，沿用至今。

现今，曾为古村赋名的白瀑寺及淤泥坑已不可见，但存留的3株古树仍以自身为坐标，提醒着村民本源何来。生长在上村的是1株一级古油松，树龄400余年，位于上街13号后院内。古树向西南倾斜，仿若呼朋引伴，招呼着下村的"朋友"来做客。而生长于下村的2株古树均为二级古树，树种同为油松，其中1株侧立在村内龙王庙旁，倾斜的树体不断向着东北方延伸，不遗余力地展示着孩童游玩的渴望。

1 龙王庙古油松

198
京西古树寻迹

参考文献

阿南史代. 树之声：北京的古树名木 [M]. 北京：生活·读书·新知三联书店，2007.

安久亮，路海. 京西下苇甸村的皮影戏 [C]// 中国木偶皮影艺术学会.《中国木偶皮影》总第 4 期 .2009：4.

安全山. 利用京西古道文化遗产打造北京西部国家步道 [C]// 北京京西古道文化发展协会. 当代北京研究（2013 年第 1 期）.2013：4.

包世轩. 抱瓮灌园集 [M]. 北京：北京燕山出版社，2011.

北京戒台寺官方网站 [EB/OL]. https://www.bjjietaisi.com.

北京门头沟村落文化志编委会. 北京门头沟村落文化志（一）[M]. 北京：北京燕山出版社，2008.

北京门头沟村落文化志编委会. 北京门头沟村落文化志（二）[M]. 北京：北京燕山出版社，2008.

北京门头沟村落文化志编委会. 北京门头沟村落文化志（三）[M]. 北京：北京燕山出版社，2008.

北京门头沟村落文化志编委会. 北京门头沟村落文化志（四）[M]. 北京：北京燕山出版社，2008.

北京市门头沟区文化文物局. 门头沟文物志 [M]. 北京：北京燕山出版社，2001.

北京市最大规模文化遗产——京西古道 [C]// 当代北京编辑部. 当代北京研究（2013 年第 1 期）.2013：2.

卜庆华，程船，陈宇. 寻访京西古道 [J]. 地图，2008，(05)：110-117.

陈铎. 玫瑰映笑脸——涧沟村 [J]. 农产品市场，2012，(26)：2.

郭华瞻，伍方，刘文静. 北京门头沟黄岭西传统村落研究 [J]. 华中建筑，2016，34(05)：128-131.

贺瑾瑞，郝春燕，张长敏，等. 北京市门头沟区地质遗迹特征及保护利用建议 [J]. 城市地质，2020，15(01)：81-89.

罗婷婷. 赵家台村发展民俗旅游的 SWOT 分析 [J]. 东方企业文化，2012，(17)：246-247.

李国稳. 腾飞的"龙华"——记门头沟区龙泉镇大峪村 [J]. 农村经济与管理，1994，(01)：17-19.

李庆国，王芳. 北京市门头沟区妙峰山镇涧沟村：昔日情报站今朝红烂漫 [N]. 农民日报，2021-07-01(016).

李超楠. 京西古村落空间特征解析——以苇子水村为例 [J]. 建筑与文化，2018，(01)：218-219.

李志勇，仇耀辉，刘爽. 对北京妙峰山旅游资源特色分析与评价 [J]. 安徽农业科学，2008，(11)：4608-4610.

刘定华. 登妙峰山感怀 [J]. 农业发展与金融，2014，(05)：107.

刘泉. 京郊名胜妙峰山 [J]. 当代小书画家，2003，(10)：22.

刘荃. 文化地理视域下北京地区传统戏曲留存现状——以柏峪燕歌戏为例 [J]. 学海，2019，(06)：187-192.

卢璐，王慧媛，张卓林. 京郊门头沟上清水村：美丽乡村民居建筑研究及发展引导 [J]. 北京规划建设，2019，(S1)：45-47.

马晓蕾. 北京之秀妙峰山 [J]. 中国商贸，2013，(31)：40-41.

阙维民，宋天颖. 京西古道的遗产价值与保护规划建议 [J]. 中国园林，2012，28(03)：84-88.

沈榜. 宛署杂记 [M]. 北京：北京出版社，2018.

释义庵. 北京旧志汇刊：清潭柘山岫云寺志 [M]. 北京：中国书店出版社，2009.

宋梅，张德贤，杨凌羚. 探索节地节能的新思路——北京门头沟区南辛房村新农宅样板房设计经验 [J]. 建筑科学，2008，(09)：118-122.

孙克勤. 京西石佛村摩崖造像群 [J]. 北京档案，2006，(10)：48-49.

潭柘寺风景区 http://www.bjtanzhesi.com.cn/zf11_news.asp?id=126

王立东. 妙峰山地区旅游资源分析及开发研究 [J]. 北京社会科学，2008，(02)：45-51.

魏宇澄. 门头沟古村落遗珍 [J]. 首都博物馆丛刊，2009，(00)：112-118.

吴涛，安全山. 京西古道 [M]. 北京：中国长安出版社，2015.

宣立品. 白瀑寺禅师史迹考——以金元时期为范围 [J]. 北京文博文丛，2017，(03)：38-50.

薛林平，李雪婷，杜云鹤. 北京门头沟区碣石古村落研究 [J]. 小城镇建设，2014，(01)：92-97.

赵茜，达婷，仝义振. 基于历史游径视角的京西古道保护与发展研究 [J]. 建筑与文化，2016，(11)：154-155.

赵润星，杨宝生. 潭柘寺 [M]. 北京：北京燕山出版社，1986.

赵威，李翅，王静文. 传统山地村落的生态适应性研究——以京西黄岭西村为例 [J]. 风景园林，2018，25(08)：91-96.

张晋. 门头沟山地乡村水适应性景观研究——以上苇甸村为例 [J]. 北方工业大学学报，2019，31(02)：37-42.

张守玉，刘德泉. 门头沟古村落生态文化资源及其开发前景的研究 [C]// 永定河文化研究会. 北京学研究文集 2008（下）.2008：26.

张云涛. 潭柘寺碑记 [M]. 北京：中国文史出版社，2010.

政协北京市门头沟区学习与文史委员会. 京西古村 [M]. 北京：中国博雅出版社，2007.

政协北京市门头沟区学习与文史委员会，北京市门头沟区潭柘寺镇党委政府. 京西古镇——潭柘寺 [M]. 北京：中国博雅出版社，2007.

村庄索引

潭柘寺镇	北村 / 040		妙峰山镇	担礼村 / 082
	桑峪村 / 087			陇驾庄村 / 145
	平原村 / 063			斜河涧村 / 109
	南辛房村 / 059			妙峰山及涧沟村 / 065
	潭柘寺 / 043			桃园村 / 146
	鲁家滩村 / 041			下苇甸村 / 078
	阳坡元村 / 089			禅房村 / 081
	赵家台村 / 091			上苇甸村 / 083
永定镇	上岸村 / 058		雁翅镇	淤白村 / 198
	何各庄村 / 061			松树村 / 195
	冯村 / 093			田庄村 / 193
	石门营 / 062			苇子水村 / 196
	戒台寺 / 021			雁翅村 / 150
	西峰寺 / 055			房良村 / 156
	石佛村（西峰寺林场） / 037			大村 / 155
	桥户营村 / 092			太子墓村 / 143
	瓜草地村 / 125			付家台村 / 147
				青白口村 / 166
龙泉镇	三家店村 / 107			碣石村 / 163
	大峪村 / 123			
	琉璃渠村 / 105		斋堂镇	桑峪村 / 138
	黑山公园 / 117			东胡林村 / 168
	龙泉务村 / 074			沿河城村 / 158
	崇化庄（周自齐墓）/ 122			灵水村 / 133
	天桥浮村 / 120			王家村（现属白虎头村）/ 140
	门头口村 / 119			新兴村 / 173
				东斋堂村 / 169
军庄镇	东山村 / 076			西斋堂村 / 170
	孟悟村 / 084			马栏村 / 176
	灰峪村 / 080			双石头村 / 184
	军庄村 / 077			黄岭西村 / 183
				火村 / 174
王平镇	东落坡村 / 113			
	桥耳涧村 / 112		清水镇	上达么村 / 180
	南港村 / 110			上清水村 / 181
	西马各庄村 / 114			李家庄村 / 178
	河北村 / 148			百花山 / 097
	西王平村 / 115			燕家台村 / 161

	杜家庄村 / 177
	黄塔村 / 098
	张家铺村 / 095
	江水河村 / 189
	齐家庄村 / 179
	张家庄村 / 100
	双塘涧村 / 187
	洪水口村 / 160
	小龙门村 / 190
东辛房街道	东辛房村 / 124
大台街道	大台社区 / 131
	板桥村 / 127
	千军台社区 / 129

扫码查看本书村庄古树图片